大学入試問題集

坂田薫の

有機化学

ポラリス ✦ POLARIS 1

標準レベル

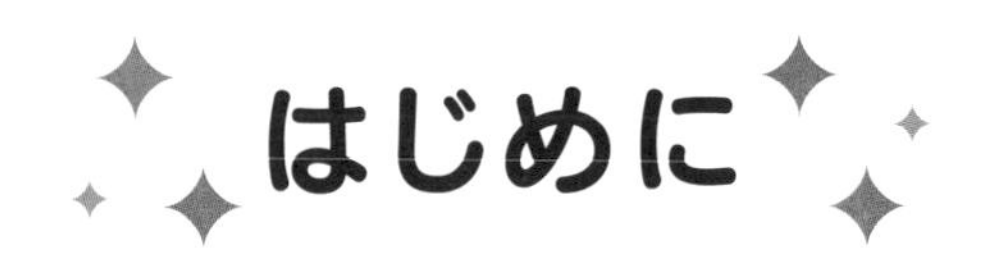

はじめに

みなさん，こんにちは。
この本を手に取ってくださったとき，みなさんはどのような状況でしょうか。
「有機化学が苦手なので演習したい」「有機化学は一通りマスターできたから，定着させるために問題を解きたい」など，さまざまだと思います。
そんな，さまざまな状況のみなさんのお手伝いができる問題集を作りたいと考え，この本を書きました。

有機化学に不安が残っている人も，一通り仕上がっている人も，次のことを意識して問題に取り組んでみましょう。

有機化学

◆各テーマの反応が，きちんと頭に入っているか✦

1つでも反応が抜けていると，そこで止まってしまい，最後までスムーズに構造決定できないことがあります。
この問題集の解説には，重要な反応がまとめてあります。直接問題に関係ない反応でも，重要なものは載せてあります。大事な試験の前に，まとめの部分だけを見直すのもよいでしょう。

◆スムーズに解き進めることができるか✦

何度も問題文を読み直していると，時間が足りなくなってしまいます。基本的に「問題文を読むのは1回だけ」とし，重要な情報は自分でフローチャートにして書き出しましょう。
問題文が終わっても構造が決定できていないときには，フローチャートを見直すと，使っていない情報がすぐにわかります。
この本では，各テーマの解説の最後にフローチャートが載っています。ぜひ参考にしてください。

◆分子式から有機化合物を予想できているか✦

分子式から不飽和度を求めることで，その有機化合物がもつ重要なパーツが予想できます。どんなパーツをもっている物質かがわかれば，問題文の流れもある程度予想できます。
　この問題集では，予想の部分もしっかりと記載してあります。よりスピーディに解きたい人は，ぜひ真似をしてください。

高分子化合物

✦モノマーとポリマーが即答できるか✦

　モノマーを与えられたらポリマーが答えられる，ポリマーを与えられたらモノマーが答えられるようになっていますか。
　最低限の部分が克服できているか，この本のまとめを利用して，徹底しておきましょう。

✦各高分子を構成しているモノマーとしっかり向き合ったか✦

　高分子化合物を学ぶとき，高分子化合物ばかりをみてしまう人がいますが，それでは本当の理解につながりません。高分子化合物を構成しているモノマーと，しっかり向き合う必要があります。
　例えば，タンパク質を学ぶときは，まず，アミノ酸をしっかり理解するのです。
　この問題集では，構成しているモノマーの部分もカバーできるよう，まとめに載せてあります。

✦合成高分子は合成方法に注目する✦

　特に，合成過程が単純ではない合成高分子は，「何の目的でその操作が必要なのか」をしっかりと押さえておく必要があります。
　この本の解説を通じて，「なんとなく」覚えていた合成方法をきちんと理解しておきましょう。

　有機化学や高分子化合物は，どの大学でも必ず出題されます。志望校の有機化学と高分子化合物の大問は完答することを目指して，この本の解説をしっかりと読み込んでください。

　みなさんが，自信をもって第一志望の入試に臨めるよう，心から応援しています。

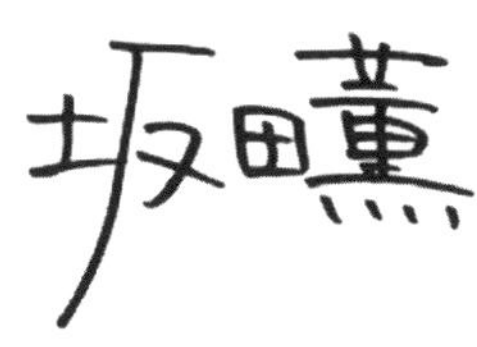

本冊もくじ

本書の特長

▶ 有機化学は構造決定ができるかどうか

有機化学の分野では，有機化合物と高分子化合物が出題されます。本書では，とくに**狙われやすいテーマを20題厳選**しました。そして，有機化学では**構造決定ができるかどうかが高得点へのカギ**を握っていますので，しっかり演習してください。

構造決定の問題文にはヒントがちりばめられており，このヒントをきちんと解読しなければなりません。本書では，著者が普段の講義で行っている構造決定のやり方を「**構造決定問題「フローチャート」のまとめ方**」(➡p.8)として掲載しました。構造決定問題が苦手な受験生はここで説明している「手順マニュアル」をまねて解いてみてください。

▶ テーマを学ぶ意義

この本では，「なぜ，このテーマを学ぶのか」という学習目的を**《イントロダクション》**で提示しました。目的意識をもつことで実力が強化されますので，ここがきちんとクリアできるようにくり返し演習してください。

▶ 1題の問題をじっくり解く&考える

この分野の出題傾向として，構造決定だけでなく，知識や計算も問われます。そのため，1つのテーマでしっかり学習できるように，解説には詳しい考え方と解き方を掲載しました。

また，それぞれの設問で問われた知識や解き方はもちろん，必要な関連知識も✦**重要!**でまとめました。入試では本書で学んだ内容とよく似た問題が出題されますので，しっかり理解しておきましょう。

▶ 構造決定問題「フローチャート」で再確認

構造決定が含まれる問題において，解説の最後には著者作成の**構造決定問題「フローチャート」**を掲載しました。自分で解いたものと見比べて，何が足りなかったのか，どこで間違えたのかをしっかり確認しましょう。

本書の使い方

ステップ1 ▶ **問題にチャレンジ**

まずは普通に問題に取り組んでください。参考までに,「本番想定時間」を示しましたが，これはあくまで入試直前期（1月）に目指すものです。まずは，時間は気にせず，「最後まで解いてみる」ことを目標に演習しましょう。また「本番で取りたい正解数」も同様です。最終的にクリアできるよう，しっかりと演習することが大切です。

ステップ2 ▶ **解説をチェック**

演習用問題集はどうしても解説が手薄になりがちですが，しっかりとした解説を書きましたので，正解した問題の解説もしっかり読んでください。必ず得るものがあるはずです。

ステップ3 ▶ **復習する**

一度解いた問題を再度解くことは，本当に大切なことです。本番で解き方を忘れてしまい，後悔することがないようにくり返し演習して，身につけてください。

また，有機化学では反応過程がたくさんありますので，間違えた反応過程はノートに書き写すなど，覚えるための工夫を行ってください。

▶「シリーズ」の各レベルについて

1　標準レベル　**（本書）**

共通テスト，日東駒専などの中堅私大を志望校とする受験生

2　発展レベル

GMARCH・中堅国公立大を志望校とする受験生

構造決定問題「フローチャート」のまとめ方

構造決定をスムーズに進めるには，以下のことを意識するとよいでしょう。

- **問題文は1回しか読まない。**
  ➡ 構造決定は問題文が長いことが多いです。何度も読み返すと時間のロスになるだけでなく，「まだ使っていないデータ」を見落としがちになります。

- **問題文から読み取ったデータをフローチャートにし，それを見ながら構造決定を解き進める。**
  ➡ 使っていないデータが一目でわかります。構造が決定できている化合物とそうでない化合物も判別しやすくなります。

以下のポイントをふまえ，手を動かしてフローチャートを書く練習をしていきましょう。

書き出しのポイント

①　分子式からわかる化合物の情報

Ⓐ・Ⓑ・Ⓒ　$C_{17}H_{16}O_3$（$I_u=10$）

$-C(=O)-O-$ ＋ （ベンゼン環）×2 ＋ C×4＋O {環？ ケト・エノールあり？

$I_u=1$　　$I_u=8$　　$I_u=1$

ここの書き出しが最も重要です。

ほとんどの問題で，最初に分子式が与えられます。その分子式から不飽和度(I_u)を求め，C原子数，O原子数，N原子数を踏まえ，その化合物がもっている官能基を予想します。

不飽和度(I_u)：**その化合物がもつC＝C結合または環状構造の数**

求め方　分子式 $C_xH_yO_z$　➡ 不飽和度＝$\frac{2x+2-y}{2}$

分子式 $C_xH_yO_zN_w$ ➡ 不飽和度＝$\frac{2(x+w)+2-(y+w)}{2}$

不飽和度を使った予想：

(1)　O原子×2につき −C(=O)−O− ×1個と予想する

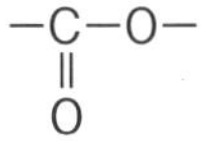

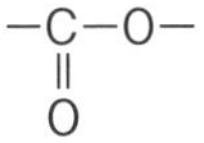

➡ −C(=O)−O− ×1につき不飽和度1を消費

(2)　C原子×6につき〔ベンゼン環〕×1個と予想する

➡ 〔ベンゼン環〕×1につき不飽和度4を消費

(3)　残りのC原子，O原子，不飽和度よりC＝C結合や環状構造の有無を予想する

※N原子が含まれるときは，N原子×1，O原子1×1につき −C(=O)−N(−H)− ×1個と予想しましょう。

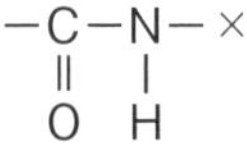

この予想を踏まえ，考えられる候補をC骨格と官能基(↑)で書いておくと，与えられたデータにあてはまる構造を見つけやすくなります。

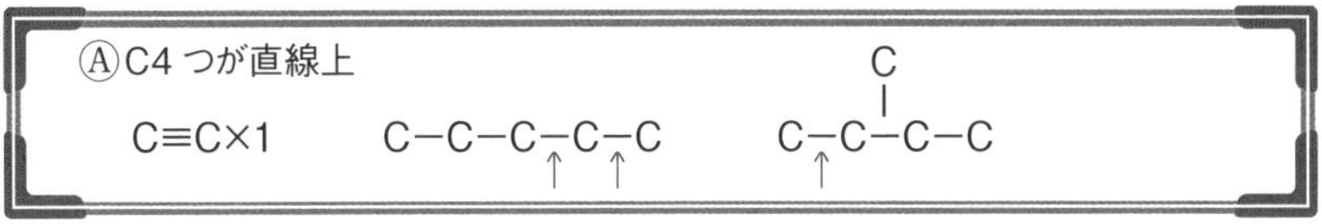

Ⓐ C4つが直線上

C≡C×1　　C−C−C−C−C（↑↑）　　C−C(−C)−C−C（↑）

また，最初に不斉炭素原子の情報を与えてくる問題も多いです。忘れないように＊をつけてアピールしておきましょう。

例　Ⓐ*・Ⓑ・Ⓒ・Ⓓ*

② 反応に関する情報

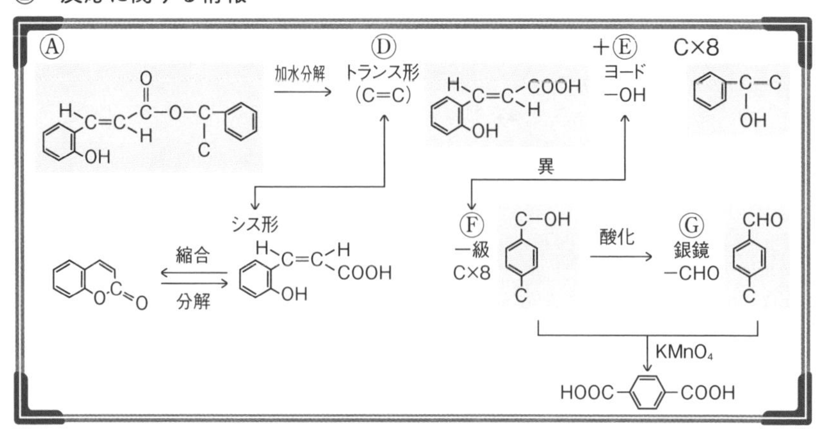

与えられた反応に関する情報を，流れを含めて書き出します。このとき，「問題文に記されていないデータ」もいっしょに書いておくことが重要です。

問題文に記されないデータには，以下のようなものがあります。

● 分解反応におけるC数のデータ

分解反応の前後ではCの総数が保存される。C数のデータを使わなければ分解反応の構造決定は決まらないと言っても過言ではありません。

例 化合物A ⟶ 化合物B＋化合物C
（C×10）　（C×7）　（C×3）

● 分解反応以外におけるC骨格のデータ

分解反応以外の反応の前後では，C骨格が保存されます。

例 化合物Aと化合物BにH_2を付加させると，同じ化合物Eに変化。

➡AとEは同じC骨格，BとEも同じC骨格。すなわち，AとBはC骨格が同じである。

C骨格同じ → Ⓑ C−C−C=C−C
　　　　　→ Ⓒ C−C−C−C=C
$\xrightarrow{H_2}$ Ⓔ C−C−C−C−C

また，構造が決まったら，丸印で囲むなどして一目でわかるようにしておくとよいでしょう。

それでは，構造決定における重要事項をまとめておきましょう。

✦**重要!** 構造決定の重要事項

- **構造決定の進め方**

  問題文を読みながら流れを書き出す(自己流で可)。

- **構造が決まらないとき**

  以下の情報は問題文には明記されないため，考え忘れている可能性がある。

  ① 分解反応では，反応前後でC数が保存される(C数を書き出したか？)。

  ② ①以外の反応では，反応前後でC骨格が保存される(C骨格を書いたか？)。

  また，小問の中に決定的な情報を与えてくるときもある。構造が決まらないときは，小問を軽く読み流してみよう。

反応を忘れないように，定期的に構造決定の問題を解いておこう。
経験も強みになるため，慣れるまで数をこなしてみよう。

元素分析

▶ 金沢大学

［問題は別冊4ページ］

イントロダクション

この問題のチェックポイント

☑元素分析の実験装置が理解できているか
☑元素分析の計算がスムーズにできるか

元素分析に関する問題です。元素分析は構造決定に組み込まれることが多く，つまずいてしまうと，構造決定の問題にとりかかることができません。本問を通じて，元素分析の実験と計算を確認しておきましょう。

解 説

まず最初に，元素分析の計算法を確認しておきましょう。

元素分析は，有機化合物の組成式を求めるための実験です。

組成式とは「構成元素の粒子数を最も簡単な整数比で表したもの」なので，これを求めるには試料から構成元素をバラバラに取り出さなくてはいけません。

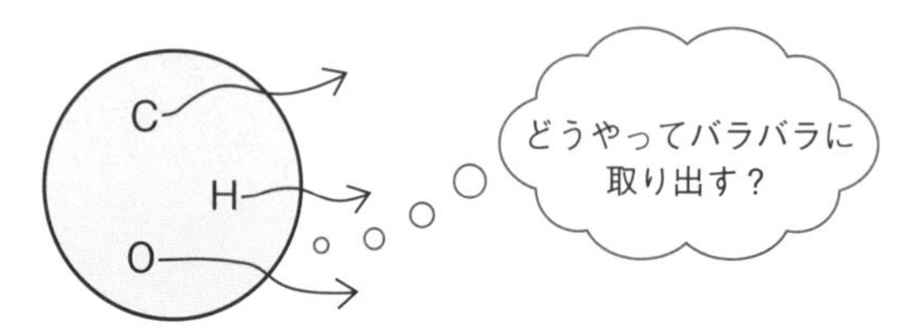

構成元素をバラバラに取り出す簡単な方法が，燃焼です。試料(構成元素C・H・O)を燃焼させると，C 原子は CO_2，H 原子は H_2O に変化するため，それぞれを別々に取り出すことができます。

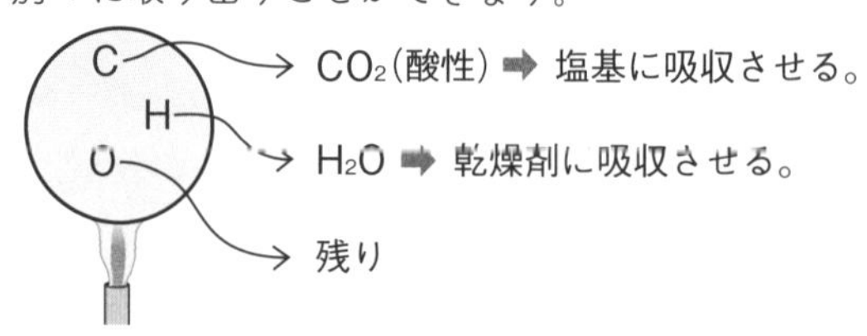

そして，取り出したCO_2やH_2Oの質量からC原子とH原子の質量を求めます。

C原子の質量 ➡ CO_2の質量$\times\frac{12}{44}$　　CO_2（C：12，CO_2：44）

H原子の質量 ➡ H_2Oの質量$\times\frac{2}{18}$　　H_2O（H_2：2，H_2O：18）

O原子は試料の質量からC原子とH原子の質量を除いて求めます。

O原子の質量 ➡ 試料の質量 － C原子の質量 － H原子の質量

こうして求めた各元素の質量を，モル質量(原子量)で割って物質量に変え，最も簡単な整数比にすると組成式が判明します。

それでは，リード文を確認し，元素分析の計算をやってみましょう。

化合物Aに関する情報

- C，H，Oのみからなる化合物
- 分子量300以下
- 元素分析の結果

化合物A（21.9 mg） ⟶ CO_2（52.8 mg） ＋ H_2O（13.5 mg）

各元素の質量を求めましょう。

C原子：$52.8\times\frac{12}{44}=14.4$〔mg〕

H原子：$13.5\times\frac{2}{18}=1.50$〔mg〕

O原子：$21.9-14.4-1.50=6.00$〔mg〕

次に，それぞれの質量から物質量比に変えます。

$$\text{C原子〔mol〕}:\text{H原子〔mol〕}:\text{O原子〔mol〕}=\frac{14.4}{12}:\frac{1.50}{1.0}:\frac{6.00}{16}$$
$$=1.2:1.5:0.375$$

この小数比を整数比に変える方法は「**最も小さい数値ですべてを割ってみる**」です。

3つの中で最も小さいのは0.375なので，すべてを0.375で割ってみましょう。

$$\text{C 原子〔mol〕：H 原子〔mol〕：O 原子〔mol〕} = \frac{1.2}{0.375} : \frac{1.5}{0.375} : \frac{0.375}{0.375}$$

$$= 3.2 : 4.0 : 1.0$$

この時点で整数比になる問題も多いですが，本問は，まだ整数比ではありません。

このような場合，次の作業は「**比全体を2倍，3倍……して，整数比になる倍数を見つける**」です。

$$\text{C 原子〔mol〕：H 原子〔mol〕：O 原子〔mol〕} = 3.2 : 4.0 : 1.0$$

$$\xrightarrow{2倍} 6.4 : 8.0 : 2.0$$

$$\xrightarrow{3倍} 9.6 : 12 : 3.0$$

ただし，実際は，**2倍，3倍……と順に確認する必要はありません。**

C 原子が「3.2」で，小数点以下が「0.2」なので，これを整数にするには5倍する必要があると，すぐに気づくことができます。

$$\text{C 原子〔mol〕：H 原子〔mol〕：O 原子〔mol〕} = 3.2 : 4.0 : 1.0$$

（小数0.2をなくすには5倍すればよい。）

比全体を5倍すると，次のような整数比になります。

$$\text{C 原子〔mol〕：H 原子〔mol〕：O 原子〔mol〕} = 3.2 : 4.0 : 1.0$$

$$\longrightarrow \mathbf{16 : 20 : 5}$$

以上より，組成式は $C_{16}H_{20}O_5$（式量292）で決定です。

そして，「分子量が300以下」という条件から，組成式がそのまま分子式となります。

化合物Aの分子式　$\boxed{C_{16}H_{20}O_5}$ 問1（分子量292）

✦重要！元素分析の計算（整数比の求め方）

元素分析の計算（整数比にする部分）で手こずったら，落ち着いて以下の手順へ。

- 手順1：**小数比の中で，一番小さい数値ですべてを割る！**
  （ここで整数比になる問題も多い）
- 手順2：**比全体を何倍かして整数になる倍数を見つける!!**
  （小数部分に注目すると，「何倍するか」がすぐにわかる）

それでは，元素分析の実験装置に関する **問2** を通じて，実験装置全体を確認してみましょう。

問2 下線部の操作を次の図のような実験装置を用いて行った。

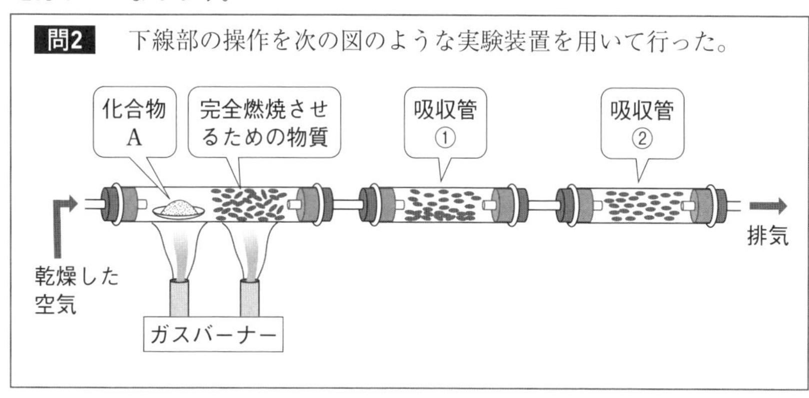

元素分析は，有機化合物(試料)の組成式を求めるために，構成元素をバラバラに取り出す実験です。そのことを意識しながら実験装置全体を確認してみましょう。

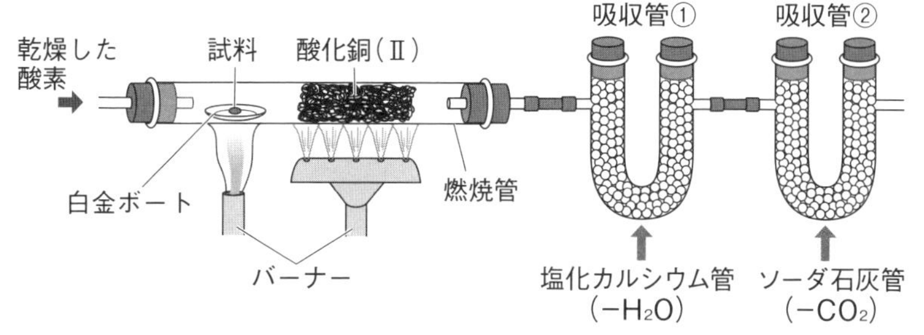

● **試料中のC原子**

燃焼によりCO_2(酸性)に変化➡塩基の**ソーダ石灰** 問2 (1)吸収管②
(NaOH＋CaO)に吸収させる

● **試料中のH原子**

燃焼によりH_2Oに変化➡中性乾燥剤の**塩化カルシウム** 問2 (1)吸収管①
$CaCl_2$に吸収させる

それでは実験装置のポイントを確認しましょう。

ポイント1 **酸化銅(Ⅱ)CuOといっしょに燃焼させる。**

C原子を含む化合物は，必ず不完全燃焼を起こします。その際に生じるCOは中性の気体なのでソーダ石灰(塩基)に吸収されることなく，余った酸素といっしょに排出されます。これでは構成元素のC原子を逃がしてしまいます。

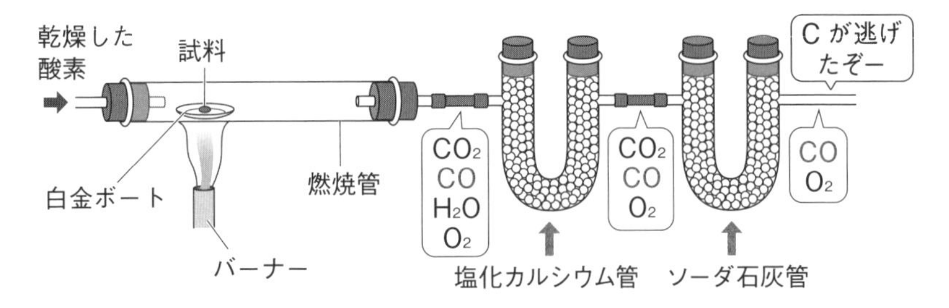

よって，**不完全燃焼により生じる中性のCOを酸化して酸性のCO_2に変え，ソーダ石灰に吸収させて取り出すため**にCuO(酸化剤)といっしょに燃焼させます。

$$CO + CuO \longrightarrow Cu + CO_2$$

ポイント2　$CaCl_2$管とソーダ石灰管の順番は逆にしない。

ソーダ石灰はCO_2だけでなくH_2Oも吸収します。そのため，吸収管の順番を逆にしてソーダ石灰管を前にもってきたら，**ソーダ石灰管にCO_2とH_2Oの両方が吸収され，C原子とH原子の質量を別々に導出することができなくなります。** 問2〔模範解答は後述の「解答」へ〕

「構成元素それぞれの質量を求めること」が元素分析の目的であったことを思い出しておきましょう。

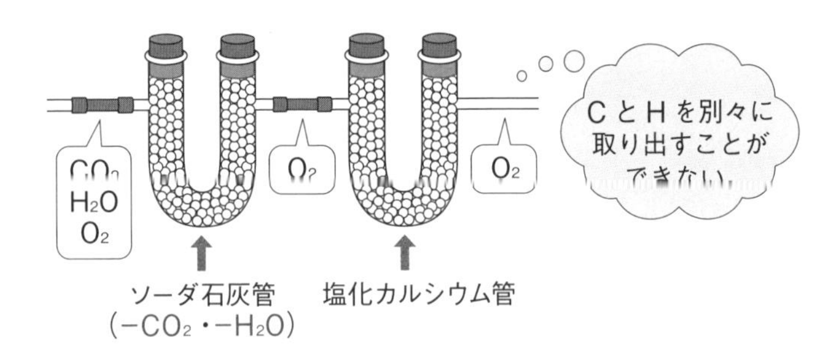

それでは元素分析についてまとめておきましょう。

✦重要！ 元素分析実験

装置

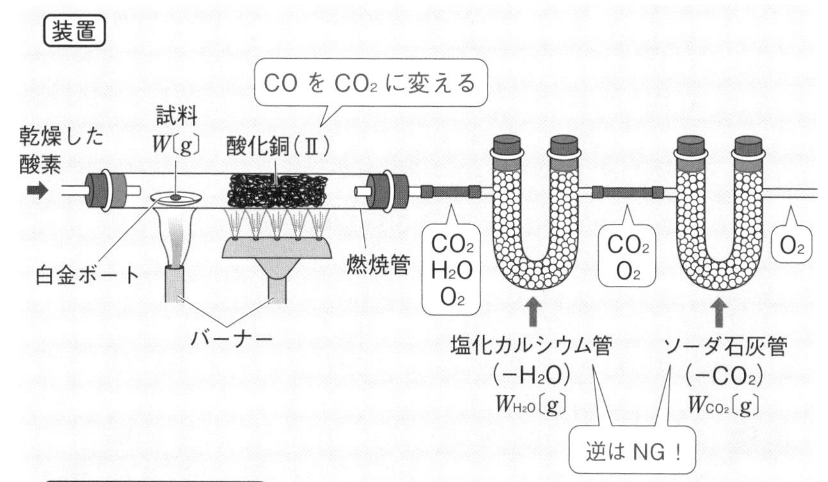

組成式を求める計算

各元素の質量

- C原子の質量 W_{C}：$W_{\mathrm{CO_2}} \times \dfrac{12}{44}$〔g〕
- H原子の質量 W_{H}：$W_{\mathrm{H_2O}} \times \dfrac{2}{18}$〔g〕
- O原子の質量 W_{O}：$W - W_{\mathrm{CO_2}} - W_{\mathrm{H_2O}}$〔g〕

物質量比

$$\text{C原子：H原子：O原子} = \frac{W_{\mathrm{C}}}{12} : \frac{W_{\mathrm{H}}}{1.0} : \frac{W_{\mathrm{O}}}{16}$$

$$= x : y : z \text{（整数比）}$$

➡ 試料の組成式 $\boxed{\mathrm{C}_x\mathrm{H}_y\mathrm{O}_z}$

解答

問1 分子式：$C_{16}H_{20}O_5$

計算過程

各元素の質量を求める。

C 原子 ➡ $52.8\times\frac{12}{44}=14.4$〔mg〕

H 原子 ➡ $13.5\times\frac{2}{18}=1.50$〔mg〕

O 原子 ➡ $21.9-14.4-1.50=6.00$〔mg〕

これを物質量比に変える。

$$C:H:O=\frac{14.4}{12}:\frac{1.50}{1.0}:\frac{6.00}{16}=16:20:5$$

以上より組成式は $C_{16}H_{20}O_5$（式量 292）であり，分子量 300 以下なので，組成式が分子式となる。

問2 (1) 吸収管①：塩化カルシウム　　吸収管②：ソーダ石灰

(2) (例)ソーダ石灰に二酸化炭素と水の両方が吸収され，炭素原子と水素原子の質量を別々に求めることができないため。（51 字）

Theme 2

炭化水素

▶ 秋田大学

[問題は別冊6ページ]

イントロダクション

この問題のチェックポイント

- ☑構造異性体を書くことができるか
- ☑立体異性体を見つけることができるか
- ☑炭化水素の反応が頭に入っているか

炭化水素に関する総合問題です。まずは，構造異性体を書き出すことができ，立体異性体を見つけることができたかを確認しておきましょう。また，扱っている反応は代表的なものばかりです。忘れていた反応については，解説を通じてしっかりと押さえておきましょう。

解説

リード文に従って確認していきましょう。

> **アルケンとその製法**
> 不飽和炭化水素のうち，二重結合を1つ含むものを<u>アルケン</u>(a)という。
> アルケンは実験室ではアルコールの［ア］反応によって得られる。

炭化水素の中で，(C=C 結合や C≡C 結合など)不飽和結合をもたないものを**飽和炭化水素**，もっているものを**不飽和炭化水素**といいます。

飽和炭化水素には**アルカン**や**シクロアルカン**，不飽和炭化水素には C=C 結合を1つもつ**アルケン**，C≡C 結合を1つもつ**アルキン**などがあります。

アルケンの代表的な反応は付加反応であり，例えば H_2O が付加するとアルコールに変化します。

$$>C=C< \xrightarrow[(H^+)]{H_2O} -\overset{|}{\underset{|}{\underset{H}{C}}}-\overset{|}{\underset{|}{\underset{OH}{C}}}-$$

アルケン　　　　アルコール

よって，その逆向きの反応，すなわちアルコールの［分子内脱水］問1 反応によりアルケンを得ることができます。

$$
\begin{array}{c}
-\overset{|}{\underset{|}{C}}-\overset{|}{\underset{|}{C}}- \\
\boxed{H \quad OH}
\end{array}
\xrightarrow[(H_2SO_4)]{} >C=C< \ + \ \boxed{H_2O}
$$

それでは，下線部 **a** に関する **問3** を確認してみましょう。

> **問3** アルケンの説明について正しいものを次の①～⑤から１つ選び，番号で答えよ。
> ① アルケンの二重結合の原子間距離は，アルカンの炭素原子間距離と等しい。
> ② アルケンの二重結合でつながれた炭素原子とこれらに直接結合する４個の原子は，すべて同一平面上にある。
> ③ アルケンは塩化鉄(Ⅲ)水溶液と反応し，青や紫などの特有の呈色反応を示す。
> ④ アルケンの二重結合は還元されやすく，過マンガン酸カリウムと反応する。
> ⑤ アルケンは工業的にナフサの重合反応で得られる。

① C原子間の結合距離は次のようになります。

C－C	＞	C＝C	＞	C＝C	＞	C≡C
単結合		ベンゼンの1.5結合		二重結合		三重結合

よって，アルケンのC＝C結合はアルカンのC－C結合より「短い」が正しいです。

② <u>C＝C結合に直結する原子まで同一平面に並びます</u>。よって，正解は ② です。

例 エチレン C_2H_4 はすべての原子が同一平面にある。

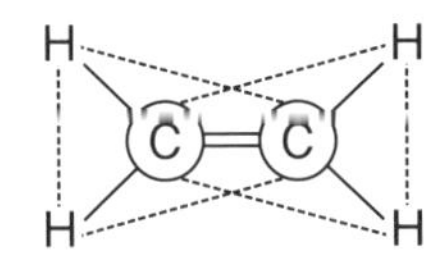

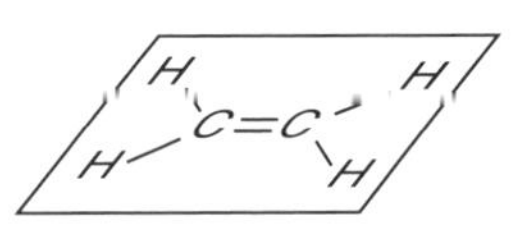

③ 塩化鉄(Ⅲ)水溶液で呈色するのはフェノール性のヒドロキシ基です。よって，フェノール類の検出法として利用されています。

アルコールの検出は，以下のようになります。

- 脂肪族の場合 ➡ Na を加えると H_2 が発生
- 芳香族の場合 ➡ Na を加えると H_2 が発生，かつ塩化鉄(Ⅲ)水溶液を加えても呈色しない。

④ C=C 結合は「酸化」されやすい性質があります。そのため，O_3 や $KMnO_4$ の酸化剤と反応し開裂が起こります。

$$\mathrm{R_1R_2C{=}CR_3R_4} \xrightarrow[\text{または } O_3]{KMnO_4(\text{酸性下})} \mathrm{R_1R_2C{=}O} + \mathrm{O{=}CR_3R_4}$$

R ｛H ➡ アルデヒド ／ H 以外 ➡ ケトン｝

$$\xrightarrow[\text{のみ}]{KMnO_4(\text{酸性下})} \mathrm{R(H)C{=}O}$$ は酸化されて $\mathrm{R(HO)C{=}O}$ へ

アルデヒド　　カルボン酸

⑤ アルケンの工業的製法は，ナフサの熱分解です。

それではリード文に戻って確認していきましょう。

アルケンの異性体

b 炭素数 4 個以上のアルケンには構造異性体のほかに，立体異性体であるシス-トランス異性体が存在する。

C 原子数 4 以上のアルケンには，構造異性体だけでなく，立体異性体も存在します。下線部 b に関する **問4** で確認してみましょう。

問4 分子式 C_4H_8 で表されるアルケンの異性体について，構造式をすべて記せ。

まず，構造異性体を書き出します。

分子式 C_4H_8 の炭化水素は「アルケン」と「シクロアルケン」が考えられますが，本問では「アルケン」と指定されているため，鎖状の C 骨格を書き出し，考えられる C=C 結合の場所に↑をつけていきましょう。

C−C−C−C （↑❶ 1番目と2番目のCの間，↑❷ 2番目と3番目のCの間）

C−C(−C)−C （↑❸ 1番目と中央のCの間）

上記の❶～❸の 3 種類です。

では，この中でシス-トランス異性体（立体異性体）が存在するのは何番でしょうか。以下の条件にあてはまるものを探しましょう。

〈シス-トランス異性体が生じる条件〉

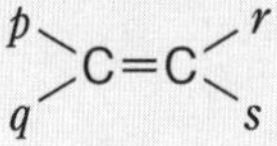

$$\underset{q}{\overset{p}{}}\!\!>C=C<\!\!\underset{s}{\overset{r}{}} \qquad p \neq q \text{ かつ } r \neq s$$

条件にあてはまるのは❶です。

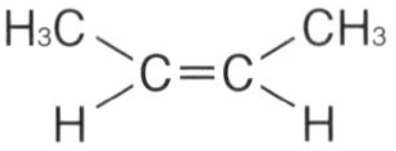

$$\begin{matrix} H_3C & & CH_3 \\ & C=C & \\ H & & H \end{matrix} \qquad \begin{matrix} H_3C & & H \\ & C=C & \\ H & & CH_3 \end{matrix}$$

シス形 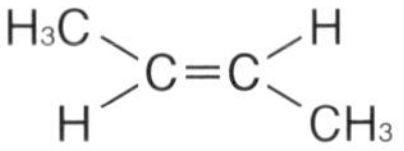　　　　トランス形

以上より，アルケン C_4H_8 の異性体は，❶（シス形・トランス形），❷，❸の計4つです。

❶

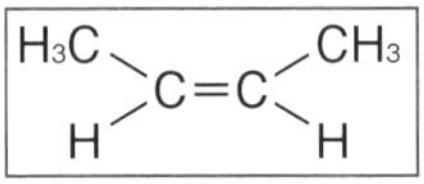

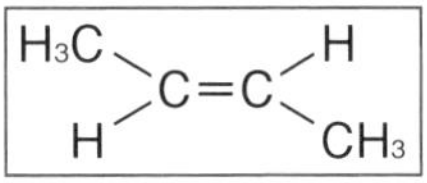

$$\begin{matrix} H_3C & & CH_3 \\ & C=C & \\ H & & H \end{matrix} \qquad \begin{matrix} H_3C & & H \\ & C=C & \\ H & & CH_3 \end{matrix}$$

❷ $CH_3-CH_2-CH=CH_2$

❸

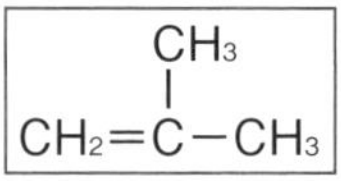

$$\begin{matrix} & CH_3 & \\ & | & \\ CH_2= & C & -CH_3 \end{matrix}$$

ちなみに，炭化水素のシス-トランス異性体は，「末端C=C結合以外」に生じます。末端C=C結合の末端のC原子には必ずH原子が2つついており，条件を満たさないためです。

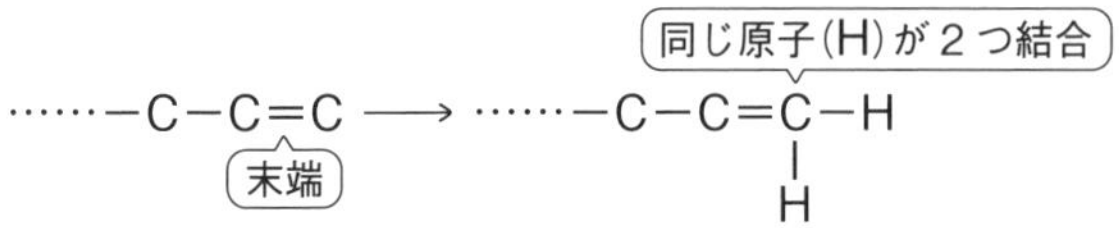

$$\cdots\cdots-C-C=C \longrightarrow \cdots\cdots-C-C=\underset{\underset{H}{|}}{C}-H$$

末端　　　同じ原子(H)が2つ結合

構造異性体❶・❷・❸のうち❷と❸は末端C=C結合なので，シス-トランス異性体の有無を確認する必要はありません。

❷ C−C−C=C（末端）

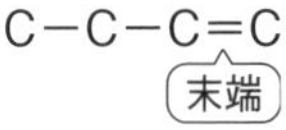

❸

$$\begin{matrix} & C & \\ & | & \\ C= & C & -C \end{matrix}$$

（末端）

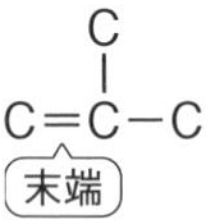

✦重要！ 炭化水素のシス-トランス異性体

- **末端C=C結合にシス-トランス異性体は存在しない!!**

それでは問題文を答えていきましょう。

> **アルケンの付加重合**
>
> アルケンのような二重結合を含む有機化合物は，ある特定の反応条件により分子間で連続的に付加反応が進み，高分子化合物が生成される。例えば，エチレンは付加重合によりポリエチレンに，c塩化ビニルは付加重合によりポリ塩化ビニルになる。

アルケンのようなC=C結合をもつ化合物は，開始剤を加えるなどの条件で付加重合が進行し，高分子化合物が生成します。

これに関しては高分子の分野でしっかり扱うため，ここではビニル基をもつ化合物で確認しておきましょう。

ビニル基

$$\begin{matrix} H & & & & H \\ & \diagdown & & \diagup & \\ & & C=C & & \\ & \diagup & & \diagdown & \\ H & & & & X \end{matrix} \xrightarrow[\text{開始剤}]{} \left[\begin{matrix} & H & & H & \\ & | & & | & \\ - & C & - & C & - \\ & | & & | & \\ & H & & X & \end{matrix} \right]_n$$

それでは下線部cに関する **問5** を確認しましょう。

> **問5** 塩化ビニルの合成法として，エチレンを出発原料とするものとアセチレンを出発原料とするものがある。それぞれの反応式を構造式を用いて記しなさい。

● **エチレンから合成する方法**

(i) エチレンに Cl_2 を付加させる。

$$\begin{matrix} H & & & & H \\ & \diagdown & & \diagup & \\ & & C=C & & \\ & \diagup & & \diagdown & \\ H & & & & H \end{matrix} + Cl_2 \longrightarrow \begin{matrix} & & H & & H & & \\ & & | & & | & & \\ H & - & C & - & C & - & H \\ & & | & & | & & \\ & & Cl & & Cl & & \end{matrix}$$

(ii) (i)で生成した1,2−ジクロロエタンを熱分解する。

$$\begin{matrix} & & H & & H & & \\ & & | & & | & & \\ H & - & C & - & C & - & H \\ & & | & & | & & \\ & & Cl & & Cl & & \end{matrix} \longrightarrow \begin{matrix} H & & & & H \\ & \diagdown & & \diagup & \\ & & C=C & & \\ & \diagup & & \diagdown & \\ H & & & & Cl \end{matrix} + HCl$$

(i)と(ii)の反応式を合わせると全体の化学反応式となります。

$$\mathrm{H_2C{=}CH_2 + Cl_2 \longrightarrow H_2C{=}CHCl + HCl}$$

● **アセチレンから合成する方法**

アセチレンに HCl を付加させる。

$$\mathrm{H{-}C{\equiv}C{-}H + HCl \longrightarrow H_2C{=}CHCl}$$

このように，特定の化合物を合成する方法が複数存在する場合，構造決定において大きなヒントになります。**合成法が複数あるときは意識して頭に入れておきましょう**。

例　化合物 A を加熱すると化合物 B が得られた。この化合物 B は V_2O_5 を用いてナフタレンを空気酸化しても得られる。

➡ナフタレンの酸化生成物は無水フタル酸（化合物 B）です。
よって，化合物 A はフタル酸と決定できます。

それでは，アルケンの反応をまとめて確認しておきましょう。

✦重要! アルケンの反応

● **付加反応**　**アルケンの C=C 結合に H_2・ハロゲン※・酸・H_2O が付加**

※ Br_2 が付加すると Br_2 の赤褐色が消える（C=C 結合，C≡C 結合の検出法）

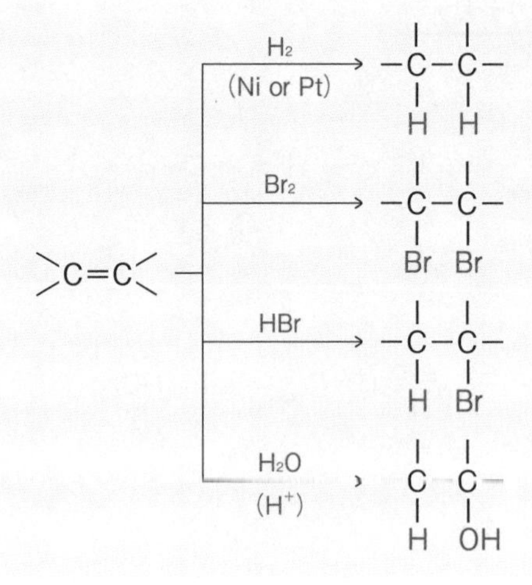

● **付加重合**　付加反応で重合(有機化学の分野ではビニル基をもつものが重要)

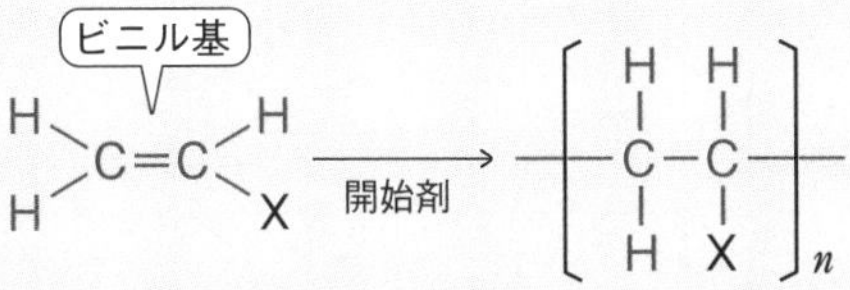

ビニル基

$$H_2C=CHX \xrightarrow{\text{開始剤}} \left[-CH_2-CHX- \right]_n$$

● **酸化開裂**　$KMnO_4$ や O_3 などの酸化剤によって C=C 結合が酸化され，開裂が起こる。

O_3 使用 ➡ オゾン分解とよばれる。アルデヒドもしくはケトンが生成。
$KMnO_4$ 使用 ➡ 生成物はカルボン酸もしくはケトンが生成。

$$R_1R_2C=CR_3R_4 \xrightarrow[\text{または }O_3]{KMnO_4\text{(酸性下)}} R_1R_2C=O + O=CR_3R_4$$

R { H ➡ アルデヒド
　　H 以外 ➡ ケトン

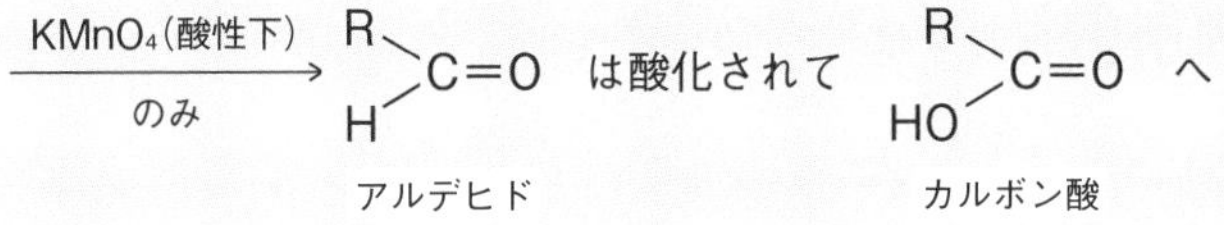

$$\xrightarrow[\text{のみ}]{KMnO_4\text{(酸性下)}} \underset{\text{アルデヒド}}{RHC=O} \text{ は酸化されて } \underset{\text{カルボン酸}}{R(HO)C=O} \text{ へ}$$

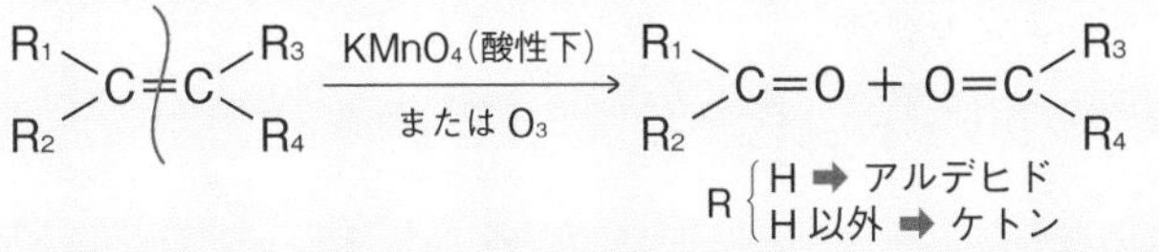

アルキン(アセチレン)の製法
　不飽和炭化水素のうち，三重結合を1つ含むものをアルキンという。代表的な化合物としてアセチレンがある。実験室では $_d$<u>炭化カルシウムに水を加えると得られる</u>。

C≡C 結合を1つもつ炭化水素がアルキンです。最もよく知られているアルキンがC数2のアセチレンで，実験室的製法は，炭化カルシウム(カルシウムカーバイド)CaC_2 に水を加えます。

$$CaC_2 + 2H_2O \longrightarrow C_2H_2 + Ca(OH)_2$$ 問6

この反応は，反応物が「水」です。そして，生成物のアセチレン(水に不溶)は「水」上置換で捕集します。
どちらも「水」が関与しているため，同時に行います。

下の左図のように，穴があいたアルミニウム箔※に CaC_2 を包み，水に沈めます。

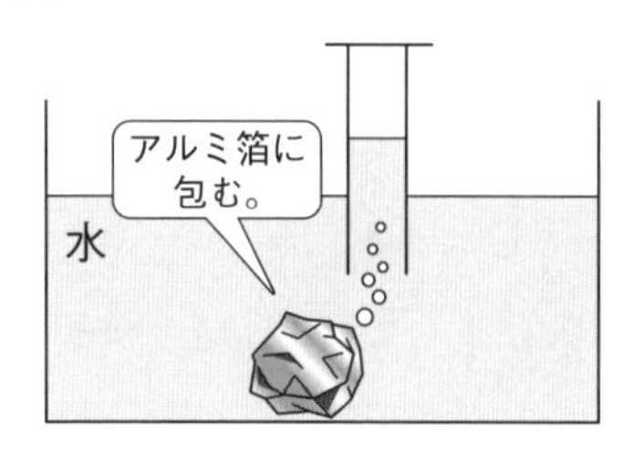

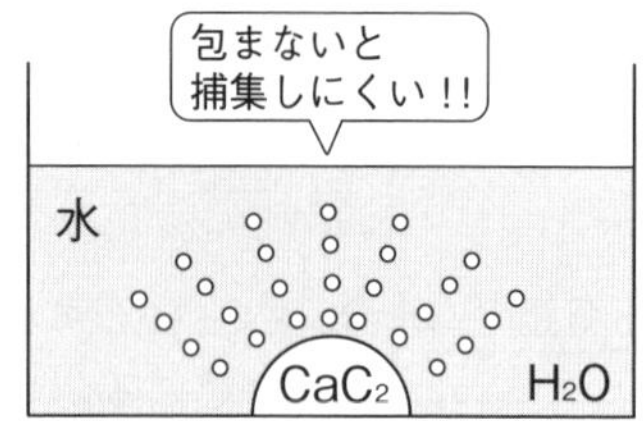

※　右図のようにアルミ箔がないと，アセチレンを捕集しにくくなります。

✦重要！ アセチレンの製法

- **炭化カルシウムと水を反応させる。反応と捕集を同時に!!**

アルキン(アセチレン)の反応

アセチレンは塩素や臭素と室温で付加反応し，適当な触媒を用いると水素や $_e$水とも付加反応する。さらに，赤熱した鉄に接触させると3分子のアセチレンが重合し，［　イ　］が得られる。

アルキンも，アルケン同様に付加反応(H_2・ハロゲン・酸・H_2O)が起こり，**Br_2 の付加反応は C=C 結合，C≡C 結合の検出法に利用されています(付加反応により Br_2 の赤褐色が消える)**。

アルキンの付加反応の中で注意が必要なのは，H_2O の付加です。

C≡C 結合に H_2O を付加させると C=C 結合に−OH 基が直結した「エノール」とよばれる物質になりますが，エノールは非常に不安定で，すぐに形を変えてしまいます。

$$-C\equiv C- \xrightarrow[\text{付加}]{H_2O} \underset{H}{\diagdown}C=C\underset{OH}{\diagup} \longrightarrow H-\underset{H}{\overset{|}{C}}-\underset{O}{\overset{\|}{C}}-$$

アルキン　　エノール形(不安定)　　ケト形

これを，アセチレンで考えてみましょう。

アセチレンに触媒を用いて H_2O を付加させると［ビニルアルコール］問7 X になりますが，ビニルアルコールは不安定なので［アセトアルデヒド］問7 Y に変化して生成します。

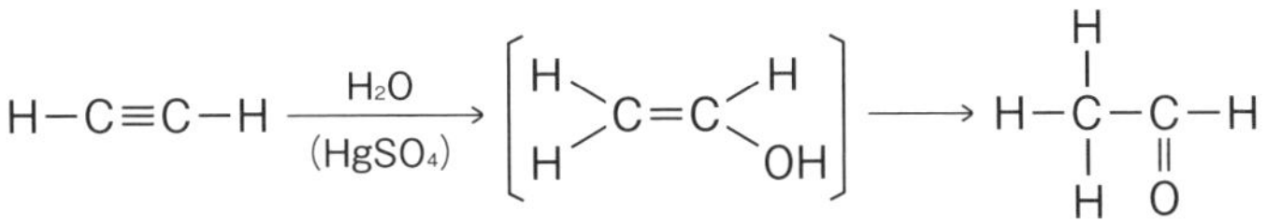

$$H-C\equiv C-H \xrightarrow[(HgSO_4)]{H_2O} \left[\begin{matrix} H \\ H \end{matrix} > C=C < \begin{matrix} H \\ OH \end{matrix} \right] \longrightarrow H-\underset{H}{\overset{H}{C}}-\underset{O}{\overset{\|}{C}}-H$$

ビニルアルコール（不安定）　　アセトアルデヒド

今後，問題で「アルキンに H_2O 付加」に出会ったら，忘れずに，エノール形をケト形に変えましょう。

✦**重要!** アルキンに H_2O を付加する反応

- **エノール形をケト形に変える!!**

また，アルキンも付加重合を起こします。アルケンとの大きな違いは，2～3分子の重合になることです。

特に大切なのは，アセチレンの三分子重合で **ベンゼン**  問2 が生成することです。

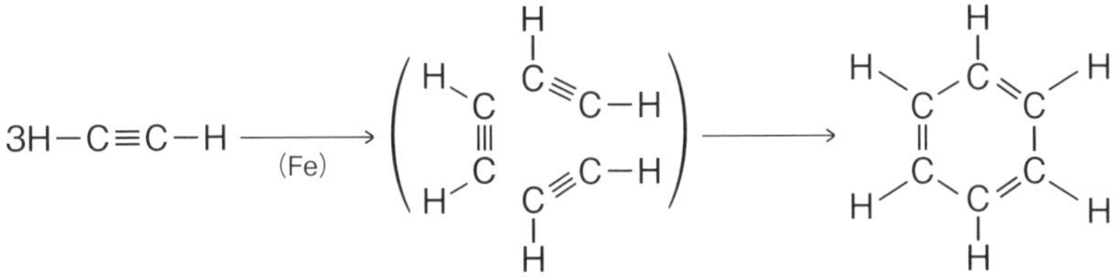

$$3H-C\equiv C-H \xrightarrow[(Fe)]{} \left(\text{3 } HC\equiv CH \right) \longrightarrow C_6H_6$$

ベンゼン

この反応は，芳香族の問題で問われることも多いです。芳香族につながる反応として押さえておきましょう。

✦**重要!** ベンゼンの製法

- **アセチレンの三分子重合!!!**

それでは，アルキンの反応をまとめておきましょう。

✦重要！ アルキンの反応

- **アセチレンの製法**
  - 炭化カルシウム（カルシウムカーバイド）と水を反応させる。

    $CaC_2 + 2H_2O \longrightarrow C_2H_2 + Ca(OH)_2$

- **付加反応**　アルキンの C≡C 結合に H_2・ハロゲン※1・酸・H_2O が付加※2

  ※1：Br_2 が付加すると Br_2 の赤褐色が消える（C=C 結合，C≡C 結合の検出法）

  ※2：不安定なエノールがケトに変化して生成する

例

H−C≡C−H —(CH₃COOH)→ $CH_2=CH-O-CO-CH_3$ 酢酸ビニル

H−C≡C−H —(H_2O, ($HgSO_4$))→ [$CH_2=CH-OH$] ビニルアルコール（不安定） ⟶ CH_3-CHO アセトアルデヒド

- **付加重合**　アルキンの三分子重合が重要

  $3\,H-C\equiv C-H \xrightarrow{Fe}$ ベンゼン

〈応　用〉

- **アセチリドの生成**　末端 C≡C 結合の検出法

  末端に C≡C 結合をもつアルキンに Ag^+ を加えると沈殿が生成

例

$$H-C\equiv C-H \xrightarrow[{[Ag(NH_3)_2]^+}]{\text{アンモニア性硝酸銀}} AgC\equiv CAg\downarrow$$

銀アセチリド（白）

解答

問1 分子内脱水　**問2** 名称：ベンゼン　構造式：（ベンゼン環）　**問3** ②

問4

$$\mathrm{H_2C{=}CH{-}CH_2{-}CH_3}$$

$$\mathrm{H_3C{-}CH{=}CH{-}CH_3}\ (\text{cis})$$

$$\mathrm{H_3C{-}CH{=}CH{-}CH_3}\ (\text{trans})$$

$$\mathrm{H_2C{=}C(CH_3)_2}$$

問5 エチレンが出発原料：

$$\mathrm{H_2C{=}CH_2 + Cl_2 \longrightarrow H_2C{=}CHCl + HCl}$$

アセチレンが出発原料：

$$\mathrm{H{-}C{\equiv}C{-}H + HCl \longrightarrow H_2C{=}CHCl}$$

問6 $\mathrm{CaC_2 + 2H_2O \longrightarrow C_2H_2 + Ca(OH)_2}$

問7 X　名称：ビニルアルコール，構造：$\mathrm{H_2C{=}CH{-}OH}$

Y　名称：アセトアルデヒド，構造：$\mathrm{CH_3{-}C({=}O){-}H}$

本問で扱っていませんが，アルカンも確認しておきましょう。

✦重要！ アルカンの反応

● **熱分解（クラッキング）**

C数の大きいアルカンを強熱すると，主にC−C結合が切れ，C数の小さい炭化水素（エチレン，アセチレンなど）が生じる。

● **置換反応（ハロゲン化）**

光（紫外線）の照射により，アルカンのH原子がハロゲンで置き換わる反応。

例

$$\mathrm{CH_4 + Cl{-}Cl \xrightarrow{光} CH_3Cl + HCl}$$

アルコール

▶ 岐阜大学

［問題は別冊8ページ］

イントロダクション

この問題のチェックポイント

☑元素分析の計算がスムーズにできるか
☑分子式から異性体を書くことができるか
☑アルコールの反応が頭に入っているか

分子式 $C_4H_{10}O$ は最も出題されやすい構造決定の1つです。この問題を通じて，アルコールの構造決定をしっかりと押さえておきましょう。

解説

［実験1］の情報から順に確認していきましょう。

［実験1］
- 元素分析の結果

  化合物A（3.70 mg） ⟶ CO_2（8.80 mg） ＋ H_2O（4.50 mg）
- 分子量測定実験の結果

  化合物Aの分子量は74

［実験1］で与えられた1つ目のデータは元素分析の結果です。与えられた結果をもとに，化合物Aの組成式を決定しましょう（➡元素分析の計算については テーマ1 の ✦重要！ p.17 を参照）。

まず，化合物Aに含まれている各元素（C・H・O）の質量を求めます。

- C：CO_2 の質量の $\frac{12}{44}$ に相当

$$8.80 \times \frac{12}{44} = \mathbf{2.40}\,[\mathbf{mg}]$$

- H：H_2O の質量の $\frac{2}{18}$ に相当

  $4.50\times\frac{2}{18}=\mathbf{0.500}$**〔mg〕**

- O：化合物Aの質量からC原子とH原子の質量を引いたものに相当

  $3.70-2.40-0.500=\mathbf{0.800}$**〔mg〕**

次に，求めた各元素の質量を使って，物質量の比（整数比）を求めます。

$$C:H:O=\frac{2.40}{12}:\frac{0.500}{1.0}:\frac{0.800}{16}=0.2:0.5:0.05=\mathbf{4:10:1}$$

これより，**化合物Aの組成式は $C_4H_{10}O$（式量74）**と決定できます。

次に，本文中に与えられている分子量測定の結果から，化合物Aの分子式を決定しましょう。

化合物Aの組成式 $C_4H_{10}O$ の式量74と，与えられた分子量74が一致しているため，**分子式も $C_4H_{10}O$** と決まります。

また，**化合物A～Dはいずれも同じ分子式であることから，すべてが分子式 $C_4H_{10}O$ の化合物**となります。

それでは，分子式 $C_4H_{10}O$ の不飽和度と酸素O原子の数をチェックし，どんな化合物かを確認してみましょう。

予　想　分子式 $C_4H_{10}O$

- 不飽和度 $=\frac{\mathbf{2\times4+2-10}}{\mathbf{2}}=\mathbf{0}$　　　　• O原子数：**1**

まず，不飽和度が0であるため，化合物A～Dに二重結合や環状構造はないことがわかります。すなわち，**化合物A～Dは単結合のみの鎖状化合物**です。そして，O原子数が1なので，化合物A～Dは**1価のアルコール（R−OH）もしくはエーテル（R−O−R'）**と決まります。

それでは，分子式 $C_4H_{10}O$ のアルコールとエーテルの構造異性体をチェックしておきましょう。

C原子数4のC骨格は以下の2種類のみです。

```
                       C
                       |
C−C−C−C          C−C−C
```

このC骨格のC原子にヒドロキシ基(−OH)をつけたらアルコール，C原子間にエーテル結合(−O−)を入れたらエーテルです。よって，化合物A〜Dとして考えられる構造異性体は次に示す合計7種類です。

<u>アルコール</u>：4種類(以下の❶〜❹にヒドロキシ基(−OH))

```
                         C
                         |
C−C−C−C               C−C−C
    ↑ ↑                  ↑  ↑
    ❶ ❷                  ❸  ❹
```

<u>エーテル</u>：3種類(以下の❺〜❼にエーテル結合(−O−))

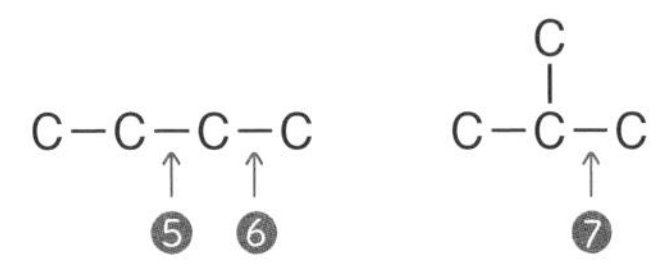

ここからは，実験の内容と表にある結果を合わせて確認していきましょう。

> [実験2]
> 化合物A〜Dに金属Naを加えた。
> **結果**：いずれも反応しH_2が発生した。

まず，[実験2]の反応を確認しましょう。

✦重要！ Naと反応してH_2発生(ヒドロキシ基(−OH)の検出法)

ヒドロキシ基(−OH)をもつ物質はNaと反応し水素H_2が発生。

$$2R-OH + 2Na \longrightarrow 2R-ONa + H_2$$

➡Naと反応したらアルコール，反応しなかったらエーテルと判明。

[実験2]の結果より，<u>**化合物A〜Dはすべて Naと反応しているため，アルコール**</u>と決まります。すなわち，化合物A〜Dは❶〜❹のいずれかです。

```
❶ C−C−C−C          ❷ C−C−C−C
       |                      |
       OH                     OH

❸    C              ❹    C
     |                   |
   C−C−C               C−C−C
     |                     |
     OH                    OH
```

[実験 3]
化合物 A～D をそれぞれ試験管に取り，酸化(酸化剤として CuO 使用)したあと，アンモニア性硝酸銀水溶液を加えた。
結果：いくつかの試験管(表より，化合物 A と B)で銀鏡が観察された。

それでは，[実験 3] の反応を確認しましょう。

✦**重要!** アルコールの酸化反応(アルコールの級数に関する情報)

酸化生成物の情報から，アルコールの級数が決定できる。

酸化生成物

アルデヒド(還元性あり)※ または カルボン酸(酸性) ➡ 第一級アルコール
ケトン(中性) ➡ 第二級アルコール
なし(酸化されない) ➡ 第三級アルコール

※酸化生成物がアルデヒドであることを確認する方法
- **銀鏡反応**
  アンモニア性硝酸銀水溶液を加えて加熱すると銀が析出
- **フェーリング液を還元する反応**
  フェーリング液を加えて加熱すると赤色沈殿(Cu_2O)が析出

[実験 3] では，化合物 A～D をそれぞれ酸化した後アンモニア性硝酸銀水溶液を加えており， その結果，化合物 A と化合物 B の試験管で銀鏡が観察されています。

これより，化合物 A と B の酸化生成物はアルデヒドとわかるので，化合物 A と B は第一級アルコールと決定できます(化合物 C と D は第二級もしくは第三級アルコールです)。

先述の構造異性体より，第一級アルコールは❷と❹の 2 つがあります。これらが化合物 A と B です。

化合物 A・B(第一級アルコール)

❷
```
C−C−C−C
      |
      OH
```

❹
```
    C
    |
C−C−C
      |
      OH
```

また，残りの第二級アルコール(❶)と第三級アルコール(❸)が化合物Cもしくは化合物Dとなります。

化合物C・D

❶ C−C−C−C（2番目のCにOH）
第二級アルコール

❸ C−C−C（中央のCに上にC，下にOH）
第三級アルコール

[実験4]
化合物B〜Dに濃硫酸を加えて加熱し，脱水反応を進行させた
結果：化合物E〜G(分子式 C_4H_8)が生成
化合物Fのみ2種類の立体異性体の混合物
化合物B ⟶ 化合物E
化合物C ⟶ 化合物E
化合物D ⟶ 化合物F・G

[実験4] の反応を確認しましょう。

✦**重要!** アルコールの脱水反応(特定のアルコールを決定する情報)

アルコール(C数3以上※)に濃硫酸を加えて加熱すると，分子内で脱水が起こり，アルケンが生成する。

このとき，脱水前後でC骨格は変化しないことに注意！

生成したアルケンの情報から特定のアルコールが決定できます。(通常，酸化反応の結果では決定できなかったものが，ここで決定できます。)

−C(H)−C(OH)− —脱水→ −C=C−
（C骨格は変化しない）
アルコール　アルケン

※エタノールのみ温度により脱水生成物が変化します。

- **低温(130〜140℃) ➡ 分子間脱水によりジエチルエーテルが生成**

  $2C_2H_5OH \longrightarrow C_2H_5-O-C_2H_5 + H_2O$

- **高温(160〜170℃) ➡ 分子内脱水によりエチレンが生成**

  $C_2H_5OH \longrightarrow C_2H_4 + H_2O$

［実験 4］では，化合物 B〜D の脱水を行っています。その結果として注目すべき点があるので確認しましょう。

注目点 1「化合物 B と化合物 C の脱水生成物は同じ化合物 E である」

次の例のように，**何かが付加したり脱離しても反応前後で C 骨格は変化しません。**

例

C−C−C（H，OH）$\xrightarrow{-H_2O}$ C−C=C

C 骨格は変化しない

−C−C−（H，OH）$\xrightarrow{\text{脱水}}$ −C=C−

C 骨格は変化しない

アルコール　　　アルケン

本問では，化合物 B と化合物 C の脱水生成物が同じであることから，化合物 B と化合物 C は C 骨格が同じであるとわかります。

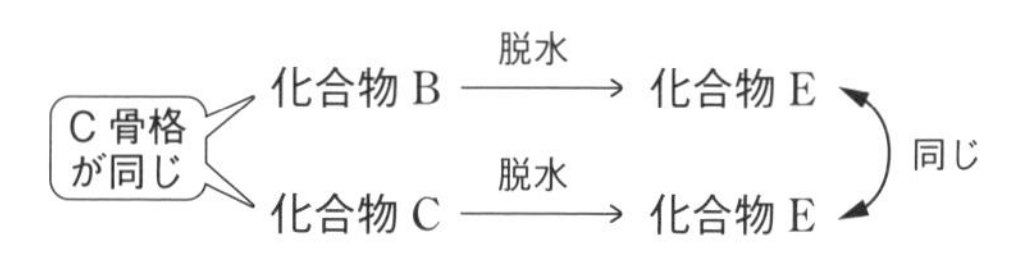

注目点 2「化合物 D の脱水生成物である化合物 F のみ立体異性体が存在する」

アルコールの脱水生成物である化合物 F はアルケンなので，立体異性体はシス-トランス異性体（幾何異性体）と考えられます。

では，化合物 D（第二級か第三級のアルコール）の候補である❶，❸で脱水生成物にシス-トランス異性体（幾何異性体）が生じるのはどちらでしょうか。

次のように書いてみると，❶の脱水生成物の 1 つにシス-トランス異性体（幾何異性体）が生じることがわかります。

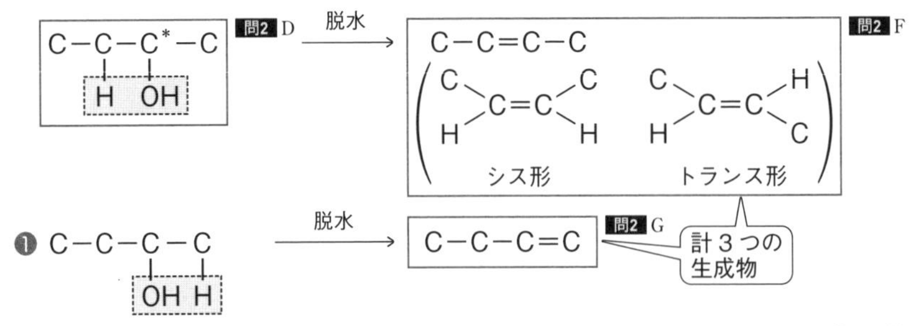

これより，化合物 D は❶の第二級アルコールと決定できるため，❸の第三級アルコールが化合物 C となります。

また，化合物 B は化合物 C と C 骨格が同じであるため，化合物 B は❸と同じ C 骨格の第一級アルコールすなわち❹と決定できます。

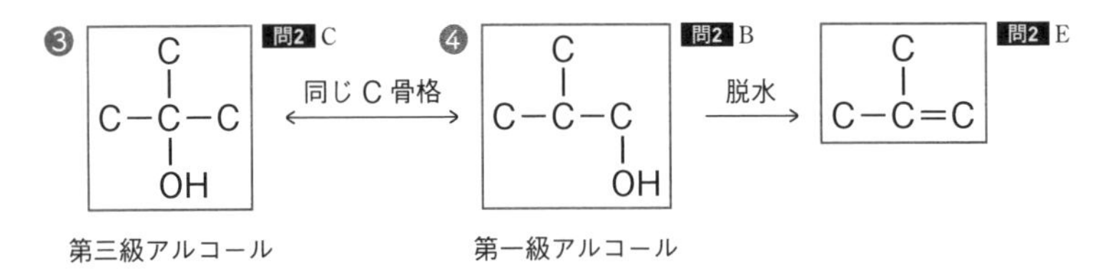

以上より，化合物 A は❷の第一級アルコールと決まります。

❷ C−C−C−C
　　　　　　|
　　　　　　OH

化合物 A
第一級アルコール

［実験 5］の反応を確認しましょう。

> ［実験 5］
> 化合物 E〜G それぞれに臭素水を加えて振り混ぜた。
> 　結果：いずれも臭素の赤褐色（せっかっしょく）が消失した。

✦重要！ 臭素水を加える（C＝C，C≡C の検出反応）。

炭素間二重結合 C＝C や炭素間三重結合 C≡C をもつ化合物に臭素水を加えると，付加反応が進行し，臭素の赤褐色が消える。

$$>C=C< \xrightarrow{Br_2\text{（赤褐色）}} -\underset{Br}{\overset{|}{\underset{|}{C}}}-\underset{Br}{\overset{|}{\underset{|}{C}}}-$$

（無色）

アルコールの脱水生成物である化合物 E～G はアルケンであるため，臭素水を加えると臭素の赤褐色が消失します。

すでに化合物 E～G の構造は決まっているため，再確認する情報となります。

［実験 6］
化合物 A～D それぞれにヨウ素（ヨウ素ヨウ化カリウム水溶液）と水酸化ナトリウム水溶液を加えて振り混ぜた。
結果：化合物 D のみ黄色沈殿が生成。

実験 6 の反応を確認しましょう。

✦重要！ ヨードホルム反応（－OH，C＝O の位置情報）

下に示す 2 種類の化合物に，ヨウ素 I_2 と水酸化ナトリウム NaOH 水溶液を加えるとヨードホルムの黄色沈殿が生成する。

$$CH_3-\underset{OH}{\underset{|}{CH}}-R \qquad CH_3-\underset{O}{\underset{\|}{C}}-R$$

（R は H 原子またはアルキル基）

ヨードホルム反応陽性の化合物は「C 骨格の末端から 2 番目」に特定の官能基をもつ。すなわち，ヨードホルム反応の結果は官能基の位置情報である。

化合物 D は❶の第二級アルコールです。C 骨格の末端から 2 番目にヒドロキシ基をもち，ヨードホルム反応陽性の化合物であることがわかります。

❶

$$C-C-\overset{2}{\underset{OH}{\underset{|}{C}}}-\overset{1}{C}$$

ヨードホルム反応陽性の構造

化合物 D

化合物 D もすでに特定できているので，それを再確認する情報となります。

最後に，構造決定の過程で扱っていない問題を確認しましょう。

> **問1** 下線部(a)において，化合物 A と金属ナトリウムの反応を化学反応式で示せ。

化合物 A は❷の第一級アルコールであるため，Na との反応式は次のように書くことができます。

$$2CH_3CH_2CH_2CH_2OH \ + \ 2Na \longrightarrow 2CH_3CH_2CH_2CH_2ONa \ + \ H_2$$

> **問3** 下線部(b)の結果から，化合物 A が銅線によって変化したと考えられる化合物 H の構造式を示せ。

化合物 A は❷の第一級アルコールであるため，酸化生成物である化合物 H は次のアルデヒドとなります。

❷ $$C-C-C-\underset{OH}{\underset{|}{C}} \xrightarrow{\text{酸化}} \boxed{C-C-C-\underset{O}{\underset{\|}{C}}-H}$$ H

化合物 A

テーマ3のフローチャート

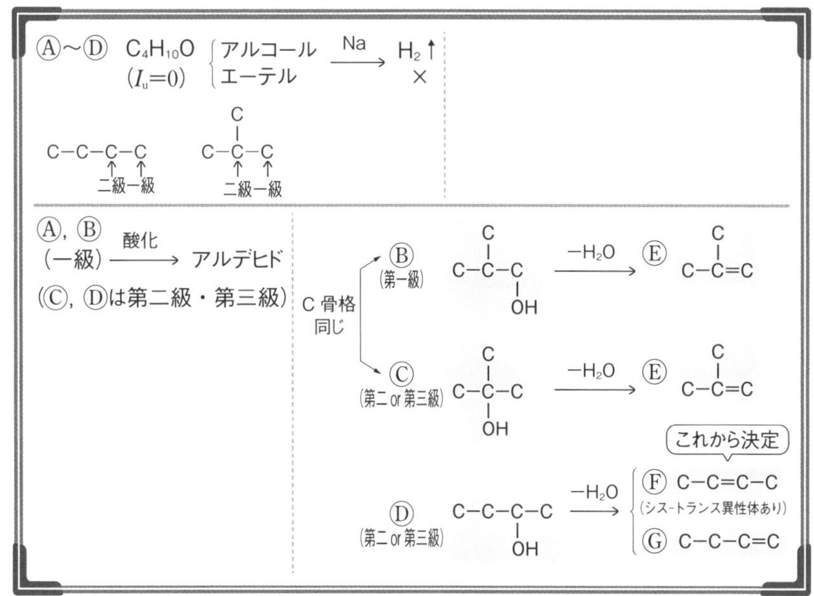

解答

問1 $2CH_3CH_2CH_2CH_2OH + 2Na \longrightarrow 2CH_3CH_2CH_2CH_2ONa + H_2$

問2

B $CH_3-CH(CH_3)-CH_2-OH$

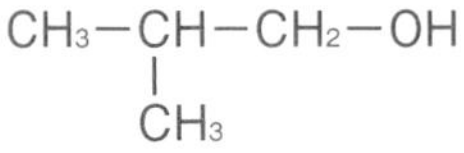

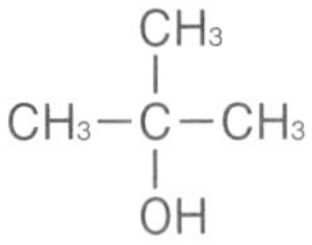

C $(CH_3)_3C-OH$

D $CH_3-\text{Ⓒ}H(OH)-CH_2-CH_3$

E $(CH_3)_2C=CH_2$

F $CH_3CH=CHCH_3$（CH_3 と CH_3 が同じ側の構造、および CH_3 と CH_3 が反対側の構造）

G $CH_3-CH_2-CH=CH_2$

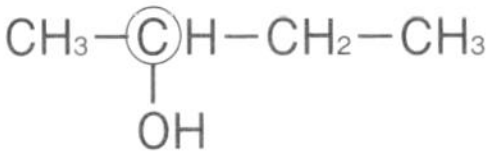

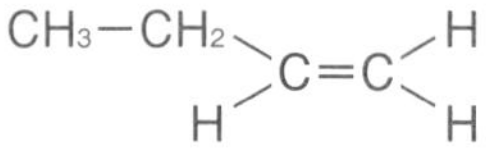

問3

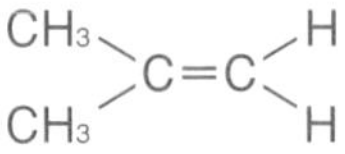

$CH_3-CH_2-CH_2-C(=O)-H$

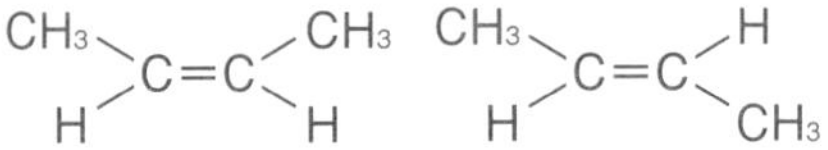

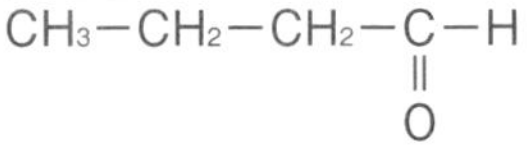

アルデヒド・ケトン

▶ 埼玉大学

[問題は別冊10ページ]

イントロダクション

この問題のチェックポイント

☑元素分析の計算がスムーズにできるか
☑アルデヒド・ケトンの反応が頭に入っているか

アルケンのオゾン分解に関する構造決定です。生成物であるアルデヒドやケトンの構造決定がスムーズにできるか，分解反応の構造決定はどのようなことに気をつけて解いていくのかを，この問題を通じてしっかりと押さえておきましょう。

解説

問題文に従い，順に情報をチェックしていきましょう。

オゾン分解

$$(R_1)(R_2)C=C(R_3)(R_4) \xrightarrow{O_3} \xrightarrow{Zn} (R_1)(R_2)C=O + O=C(R_3)(R_4)$$

アルケンのC=C結合を$KMnO_4$やO_3を使って酸化することで，C=C結合の開裂が起こる反応を酸化開裂といいます。特にO_3を使う酸化開裂をオゾン分解とよびます。(➡ テーマ2 の p.21)

本文に与えられているように，C=C結合が開裂し，アルデヒドやケトンが生成します。

$$(R_1)(R_2)C=C(R_3)(R_4) \xrightarrow{O_3} (R_1)(R_2)C=O + O=C(R_3)(R_4)$$

R { H ➡ アルデヒド / H以外 ➡ ケトン

最終目的はアルケンの構造決定ですが，生成物のアルデヒドやケトンの構造が決まれば，それぞれのO原子を取ってくっつけるとアルケンの構造が決まります。よって，この問題はアルデヒドやケトンの構造決定と考えることができます。

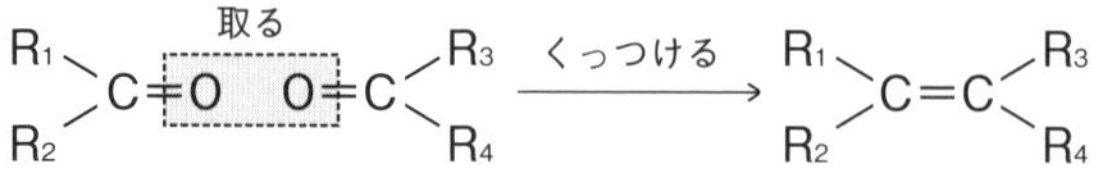

$$\underset{\text{アルデヒドやケトン}}{R_1R_2C{=}O\quad O{=}CR_3R_4}\ (\text{取る})\ \xrightarrow{\text{くっつける}}\ \underset{\text{アルケン}}{R_1R_2C{=}CR_3R_4}$$

このように「分解反応」では，先に分解生成物の構造を決定し，それらを合体させて目的の物質の構造が決まる流れになります。

✦重要！ 分解反応の構造決定の流れ

先に生成物の構造が決定！
それらを合体させて目的物質の構造が決定!!

それでは，構造決定に関する情報を順に確認していきましょう。

アルケンAのオゾン分解(化合物Bの情報)

アルケンA（ベンゼン環あり） ⟶ 化合物B（銀鏡反応陽性／フェーリング反応陰性／徐々に空気酸化され化合物Dへ） ＋ 化合物C

アルケンAはベンゼン環をもつことから，オゾン分解による生成物である化合物B・Cのどちらかがベンゼン環を引き継いでいます。

では，化合物Bの情報を確認しましょう。

- **銀鏡反応陽性**
  ➡化合物Bはアルデヒドです。
- **フェーリング液を還元する反応(以下，フェーリング反応)陰性**
  ➡ **参考** ホルミル基をもつがフェーリング反応陰性になる化合物
  ギ酸（$H{-}C({=}O){-}OH$）またはベンズアルデヒド（$C_6H_5{-}C({=}O){-}H$）
  オゾン分解の生成物はアルデヒドかケトンであるため，上記の知識があれば，化合物Bはベンズアルデヒドと決定できます。
  この知識がなくても，「銀鏡反応陽性」のデータからアルデヒドとわかるため，それを踏まえた上で先に進みましょう。

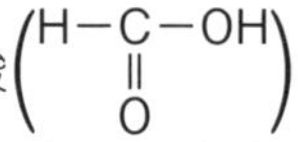

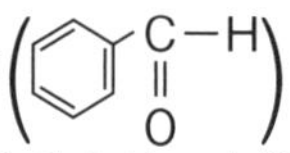

• **徐々に空気酸化されて化合物 D に変化**

➡化合物 B はアルデヒドなので，酸化生成物の化合物 D はカルボン酸です。

✦重要！ アルデヒドの検出法

● **銀鏡反応**

• **アンモニア性硝酸銀水溶液を加えて加熱すると銀が析出する。**

$$\mathrm{R-\underset{\underset{O}{\|}}{C}-H} \xrightarrow[\mathrm{[Ag(NH_3)_2]^+}]{\text{アンモニア性硝酸銀}} \mathrm{R-\underset{\underset{O}{\|}}{C}-O^-} \quad + \quad \mathrm{Ag}\downarrow$$

● **フェーリング反応**

• **フェーリング液※を加えて加熱すると酸化銅(Ⅰ)の赤色沈殿が析出する。**

※硫酸銅(Ⅱ)＋酒石酸ナトリウムカリウム＋水酸化ナトリウムの混合水溶液

$$\mathrm{R-\underset{\underset{O}{\|}}{C}-H} \xrightarrow{\text{フェーリング液}} \mathrm{R-\underset{\underset{O}{\|}}{C}-O^-} \quad + \quad \mathrm{Cu_2O}\downarrow$$

化合物 D に関する情報

• 分子量 122
• 元素分析の結果(質量百分率)
C＝68.8 %　H＝5.0 %　O＝26.2 %

元素分析結果の質量百分率を物質量比に変えてみましょう。(➡ テーマ1 の p.17)

$$\text{物質量比 C : H : O} = \frac{68.8}{12} : \frac{5.0}{1.0} : \frac{26.2}{16}$$
$$= 5.733 : 5.000 : 1.637$$
$$= 3.5 : 3.05 : 1$$
$$\fallingdotseq \mathbf{7 : 6 : 2}$$

以上より，組成式 $C_7H_6O_2$(式量 122)となり，分子量 122 と一致するため，化合物 D の分子式は $C_7H_6O_2$ と決まります。

化合物Dはカルボン酸であるため−COOH基をもちます。また，C数が6以上と大きいため，ベンゼン環をもっていると予想できます。この2つのパーツで分子式$C_7H_6O_2$と一致するため，化合物Dは安息香酸と決定できます。

C_6H_5- ＋ −COOH ⟶ C_6H_5COOH

$C_7H_6O_2$　　安息香酸

また，酸化して化合物Dになった化合物B(アルデヒド)は，ベンズアルデヒドと決まります(先述のフェーリング反応陰性の情報から決定していた場合は，ここで裏付け完了)。

C_6H_5-CHO 問2 B —酸化→ C_6H_5COOH

化合物D

✦参考✦ 不飽和度を使った解法

本問では，化合物D(分子式$C_7H_6O_2$)がもっているパーツがわかっていたため，不飽和度を求めなかったが，不飽和度を求めると以下のようになる。

不飽和度　$\frac{2\times7+2-6}{2}=\underline{\mathbf{5}}$

これにより，次のように予想できる。

- C原子×6 ➡ ベンゼン環×1(不飽和度4を消費)
- O原子×2 ➡ $-\mathrm{C}(=\mathrm{O})-\mathrm{O}-$×1(不飽和度1を消費)
- 残りのC・O原子なし

以上より，カルボン酸(安息香酸)とエステル(ギ酸フェニル)が候補に上がりますが，化合物Dはアルデヒドの酸化生成物であることから，カルボン酸の安息香酸と決まります。

$C_6H_5-C(=O)-OH$　　$H-C(=O)-O-C_6H_5$

安息香酸
(アルデヒドの酸化生成物)

ギ酸フェニル

化合物 C に関する情報①

- 分子量 100 以下
- 元素分析の結果

化合物 C ⟶ CO_2 ＋ H_2O

16.2 mg　41.4 mg　16.8 mg

化合物 C の元素分析の結果から，組成式を求めましょう。

C 原子：$41.4\times\frac{12}{44}=11.29$〔mg〕

H 原子：$16.8\times\frac{2}{18}=1.866$〔mg〕

O 原子：$16.2-11.29-1.866=3.044$〔mg〕

よって，物質量比は以下のようになります。

$$C:H:O=\frac{11.29}{12}:\frac{1.866}{1.0}:\frac{3.044}{16}=0.940:1.866:0.190\fallingdotseq\mathbf{5:10:1}$$

以上より，化合物 C の組成式は $C_5H_{10}O$（式量 86）です。そして，分子量 100 以下の情報から，分子式も $C_5H_{10}O$ 問1（分子量 86）と決定です。

化合物 C に関する情報②

- 還元反応により第二級アルコールが得られる
- ヨードホルム反応陰性

化合物 C を還元すると第二級アルコールに変化したことから，化合物 C はケトンとわかります。

R−C(−OH)−R′ ⇄（酸化／還元） R−C(=O)−R′

第二級アルコール　　ケトン

化合物 C の分子式は $C_5H_{10}O$ であるため，次の❶〜❸が選択肢です。

C−C−C−C−C（❶：3番目の C，❷：4番目の C）

C−C−C(−C)−C（❸：2番目の C）

また，化合物 C はヨードホルム反応陰性です。ヨードホルム反応は，以下の 2 つの構造をもつ化合物が陽性になります。

$$CH_3-\overset{\displaystyle O}{\overset{\|}{C}}-R \qquad CH_3-\underset{\displaystyle OH}{\underset{|}{CH}}-R$$

（1, 2 は炭素の番号） 問3

（R は H 原子もしくはアルキル基）

よって，ヨードホルム反応陰性の化合物 C は，カルボニル基の位置は「末端から 2 番目」ではありません。すなわち，上の選択肢❷・❸ではありません。

❷ C−C−C−C(=O)−C

❸ C−C(=O)−C(C)−C

末端から 2 番目

以上より，化合物 C は❶の構造で決定です。

❶ C−C−C(=O)−C−C 問2 C

✦重要！ヨードホルム反応

次の構造をもつ化合物に I_2 と NaOH 水溶液（または Na_2CO_3 水溶液）を加えて加熱すると，CHI_3 の黄色沈殿を生じる。

$$\left.\begin{array}{l} CH_3-CO-R \\ CH_3-CH(OH)-R \end{array}\right\} \xrightarrow[\text{熱}]{I_2 + NaOH} R-CO-ONa + CHI_3\downarrow$$

即答できるように

（R は H 原子もしくはアルキル基）

〔参考〕ヨードホルム反応の化学反応式

$$CH_3COR + 4NaOH + 3I_2 \longrightarrow CHI_3 + RCOONa + 3NaI + 3H_2O$$

それでは，化合物Bと化合物CのO原子を取って合体させ，化合物Aの構造を決定しましょう。

H–C(=O)(ベンゼン環) + O=C(C–C)(C–C) ⟶ H–C(ベンゼン環)=C(C–C)(C–C)　問2 A

化合物B　　化合物C

テーマ４のフローチャート

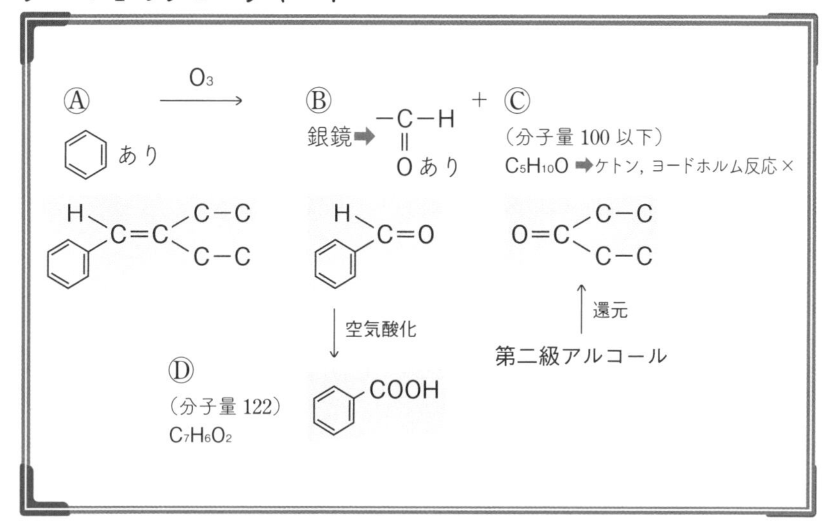

解答

問1 $C_5H_{10}O$（計算過程は45ページに示した）

問2 A
$$\text{C}_6\text{H}_5\text{–CH}=\text{C}(\text{CH}_2\text{–CH}_3)_2$$
B
$$\text{C}_6\text{H}_5\text{–C(=O)–H}$$
C
$$\text{CH}_3\text{–CH}_2\text{–C(=O)–CH}_2\text{–CH}_3$$

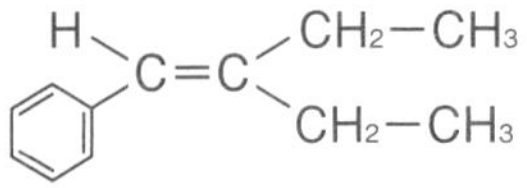

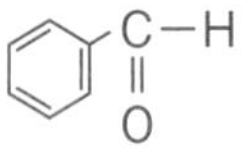

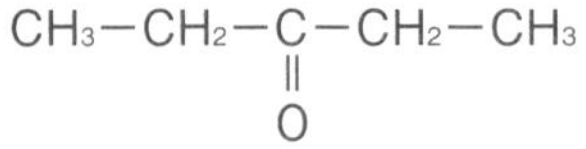

問3 $\text{CH}_3\text{–C(=O)–}$, $\text{CH}_3\text{–CH(OH)–}$

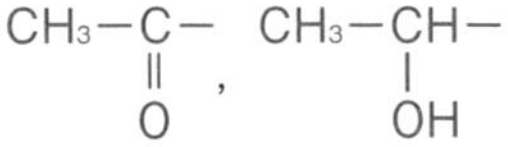

本問で扱った反応についてまとめておきましょう。

✦重要！ 官能基の位置情報

本問で扱った反応は官能基の位置情報である。
（ここではC=O結合に限定して確認する。）

……－C－C－C	3	2	1
銀鏡反応	×	×	○
ヨードホルム反応	×	○	×

どちらも陰性

「陰性」も重要な情報である。
銀鏡反応陰性，かつヨードホルム反応陰性
➡ C=O結合は末端ではない。末端から2番目でもない。
➡ 末端から3番目……？
というように，官能基の位置が限定されていく。

エステル

▶ 千葉大学

[問題は別冊12ページ]

イントロダクション

この問題のチェックポイント

- ☑ C 数の情報に注目できたか
- ☑ 脂肪族の反応や性質が頭に入っているか
- ☑ 論述や計算過程をスムーズに書くことができるか

エステルの構造決定です。エステルの構造決定は，有機化学において1つの目標になるテーマです。この問題を通じて，分解反応の構造決定の流れを定着させましょう。

解説

問題文に従い，順に情報をチェックしていきましょう。

化合物 E_1〜E_4 の分子式

化合物 E_1〜E_4 の分子式 $C_4H_8O_2$

さっそく，分子式から不飽和度を求め，予想してみましょう。

不飽和度：$\dfrac{2\times4+2-8}{2}=\underline{\mathbf{1}}$

予　想

- O 原子×2 ➡ $-\underset{\underset{\text{O}}{\|}}{\text{C}}-\text{O}-$×1(不飽和度 1 を消費)
- 残りの C 原子×3，残りの不飽和度 0

化合物 E_1〜E_4 は1価のエステルで，エステル結合に3つのC原子が単結合で結合していると考えられます(本問では，問題文に「エステル」E_1〜E_4 とあるため予想せずともわかりますが，与えられない問題もあるため，不飽和度から1価のエステルと予想できるようになっておきましょう)。

［実験1］エステル E_1～E_4 の加水分解

エステル E_1～E_4 を加水分解すると，4種類のアルコール(A_1～A_4)と3種類のカルボン酸(B_1～B_3)が得られた。

$$E_1 \xrightarrow{\text{加水分解}} A_1 + B_1$$
$$E_2 \xrightarrow{\text{加水分解}} A_2 + B_2$$
$$E_3 \xrightarrow{\text{加水分解}} A_3 + B_3$$
$$E_4 \xrightarrow{\text{加水分解}} A_4 + B_3$$

エステルの加水分解生成物はカルボン酸とアルコールです。

$$\underset{\text{エステル}}{R-\underset{\underset{O}{\|}}{C}-O-R'} + H_2O \longrightarrow \underset{\text{カルボン酸}}{R-\underset{\underset{O}{\|}}{C}-OH} + \underset{\text{アルコール}}{HO-R'}$$

テーマ4 (➡ p.42 ✦重要！)で確認しましたが，分解反応の構造決定は，先に分解生成物の構造が決定し，それらを合体させて目的の物質が決定します。つまり，エステルの構造決定では，先にカルボン酸とアルコールの構造が決定し，それらを脱水縮合させるとエステルの構造が決定します。

$$R-\underset{\underset{O}{\|}}{C}-\boxed{OH + H}O-R' \xrightarrow[-H_2O]{} R-\underset{\underset{O}{\|}}{C}-O-R'$$

先に決定　　　　　　　　　　最後に決定！

✦重要！ 分解反応の構造決定の流れ

先に生成物の構造が決定！
それらを合体させて目的物質の構造が決定!!

それでは，先に構造が決定するアルコール A_1～A_3 とカルボン酸 B_1～B_3 の情報を確認していきましょう。

［実験2］アルコール A_1～A_3 について

$$A_1 \xrightarrow{\text{酸化}} W \xrightarrow{\text{酸化}} B_3$$
$$A_2 \xrightarrow{\text{酸化}} X \xrightarrow{\text{酸化}} B_2$$
$$A_3 \xrightarrow{\text{酸化}} Y \xrightarrow{\text{酸化}} B_1$$

W，X，Yおよび①カルボン酸 B_3 は還元性をもっていた。

アルコールA_1, A_2, A_3は，酸化するとW, X, Yに変化し，さらに酸化するとカルボン酸B_3, B_2, B_1に変化したことから，A_1, A_2, A_3はすべて第一級アルコール，W, X, Yはアルデヒドとわかります。

$$R-CH_2(-OH) \xrightarrow{酸化} R-C(=O)-H \xrightarrow{酸化} R-C(=O)-OH$$

第一級アルコール（A_1, A_2, A_3）　アルデヒド（W, X, Y）　カルボン酸（B_3, B_2, B_1）

また，酸化反応が進行してもC骨格（C数）は変化しません。すなわち，A_1とB_3, A_2とB_2, A_3とB_1は同じC骨格（C数）です。

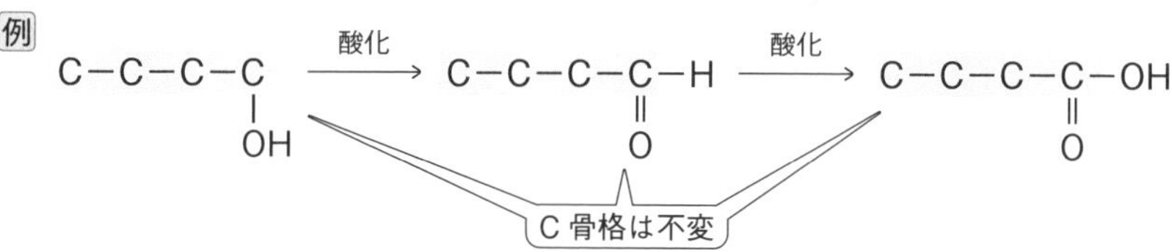

ここで注目したいのが，「A_2とB_2が同じC骨格（C数）」というデータです。A_2とB_2はエステルE_2の加水分解生成物です。**分解反応では反応前後でC原子の総数が保存される**ため，アルコールA_2とカルボン酸B_2のC数は合計4，かつ同じC骨格（C数）なので，A_2とB_2はC数2ずつとわかります。

C骨格（C数）同じ

エステルE_2 ⟶ アルコールA_2 ＋ カルボン酸B_2

C数4　　C数2　　C数2

C数合計4

C数2のアルコールA_2はエタノールC_2H_5OH，C数2のカルボン酸B_2は酢酸CH_3COOHなので，それらを脱水縮合させるとエステルE_2が決定です。

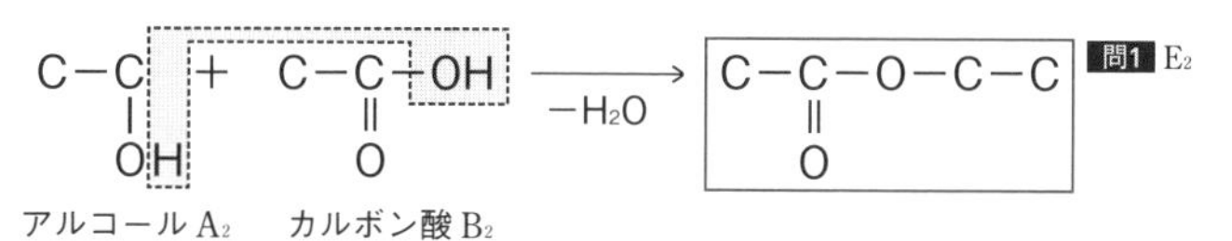

✦重要！ 反応前後で保存されるもの

分解反応はCの総数が保存される！
分解反応以外はC骨格が保存される!!

また，下線部①よりカルボン酸 B_3 は還元性をもっている※ので，ギ酸 $HCOOH$(C 数 1)です。

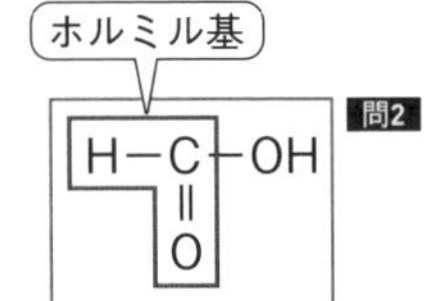

よって，同じ C 数のアルコール A_1 はメタノール CH_3OH とわかります。

※ギ酸は**還元性を示すホルミル基をもっているため** 問2 還元性を示します。

以上をふまえて，エステル E_1，E_3 の加水分解に注目してみましょう。

エステル E_1(C 数 4)の加水分解生成物 A_1 は CH_3OH(C 数 1)なので，B_1 は C 数 3 のカルボン酸，すなわちプロピオン酸 CH_3CH_2COOH と決まります。

エステル E_1 ⟶ アルコール A_1 ＋ カルボン酸 B_1

エステル E_1	アルコール A_1	カルボン酸 B_1
C 数 4	CH_3OH	CH_3CH_2COOH
	C 数 1	C 数 3

C 数合計 4

以上より，CH_3OH(A_1)と CH_3CH_2COOH(B_1)を脱水縮合させるとエステル E_1 が決定です。

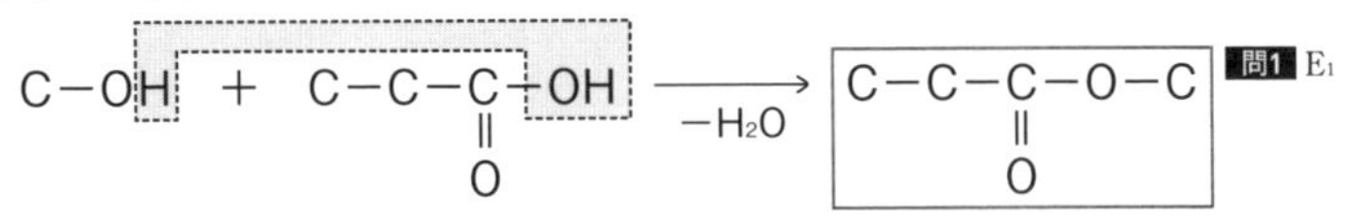

アルコール A_1　　　カルボン酸 B_1

また，エステル E_3(C 数 4)の加水分解生成物 B_3 は $HCOOH$(C 数 1)なので，A_3 は C 数 3 の第一級アルコール，すなわち 1-プロパノール $CH_3CH_2CH_2OH$ と決まります。

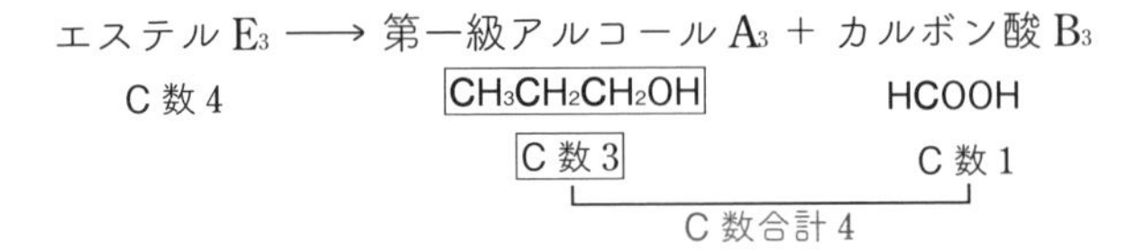

以上より，$CH_3CH_2CH_2OH$(A_3)と $HCOOH$(B_3)を脱水縮合させるとエステル E_3 が決定です。

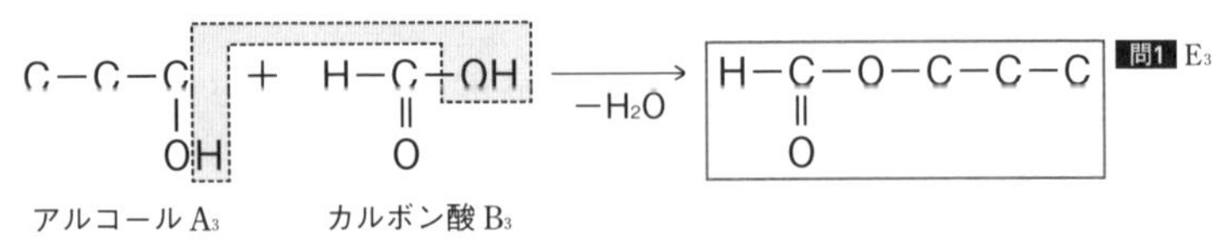

[実験3] **アルコール A_4 について**

$A_4 \xrightarrow{\text{酸化}} Z$

②ケトンZは[　ア　]の乾留によっても，得ることができる。

アルコール A_4 を酸化するとケトンZに変化したことから，A_4 は第二級アルコールとわかります。

以上をふまえて，エステル E_4 の加水分解に注目してみましょう。

エステル E_4（C数4）の加水分解生成物 B_3 は HCOOH（C数1）なので，A_4 はC数3の第二級アルコール，すなわち2-プロパノール $CH_3CH(OH)CH_3$ と決まります。

エステル E_4 ⟶ 第二級アルコール A_4 ＋ カルボン酸 B_1
C数4　　　　$CH_3CH(OH)CH_3$　　　　HCOOH
　　　　　　C数3　　　　　　　　C数1
　　　　　　　　　C数合計4

以上より，$CH_3CH(OH)CH_3$（A_4）と HCOOH（B_3）を脱水縮合させるとエステル E_4 が決定です。

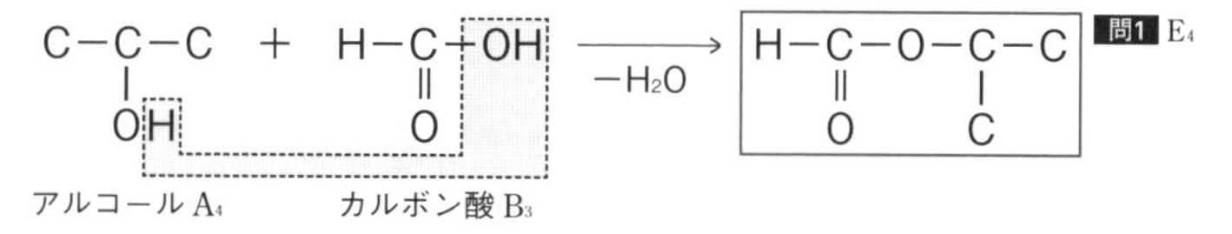

また，$CH_3CH(OH)CH_3$（A_4）を酸化して生成するケトンZは**アセトン** CH_3COCH_3 です。

CH_3COCH_3 は**酢酸カルシウム** 問3 名称 の乾留によっても，得ることができます。

$$(CH_3COO)_2Ca \longrightarrow CH_3COCH_3 + CaCO_3$$

問3 化学反応式

✦重要！ 脱炭酸反応

脱炭酸反応は以下の2つがありますが，出題されるほとんどが次の例の反応です。

- カルボン酸のナトリウム塩と NaOH を混ぜ合わせて加熱するとアルカンが生成

$$RCOONa + NaOH \longrightarrow Na_2CO_3 + \underset{\text{アルカン}}{R-H}$$

例　$CH_3COONa + NaOH \longrightarrow Na_2CO_3 + CH_4$【メタンの製法】

- カルボン酸のカルシウム塩を空気を絶って加熱(乾留)すると，左右対称のケトンが生成

$$(RCOO)_2Ca \longrightarrow CaCO_3 + R-\underset{\underset{O}{\|}}{C}-R$$

例　$(CH_3COO)_2Ca \longrightarrow CaCO_3 + CH_3-\underset{\underset{O}{\|}}{C}-CH_3$【アセトンの製法】

それでは，最後に **問4** を確認しましょう。

> **問4** ある質量のエステル E_1 を完全に加水分解し，得られたカルボン酸 B_1 とエステル E_4 の加水分解で得られたアルコール A_4 とを用いて新たなエステル E_5 を合成したところ，得られたエステル E_5 の質量は，反応に用いたエステル E_1 よりも 1.4 g 大きかった。反応に用いたエステル E_1 の質量を有効数字2桁で求めよ。計算過程も示せ。ただし，すべての反応は完全に進行したものとする。

エステル E_1(分子量 88)を x〔g〕加水分解したとします。

エステル E_1 の加水分解生成物であるカルボン酸 B_1 は CH_3CH_2COOH，エステル E_4 の加水分解生成物であるアルコール A_4 は $CH_3CH(OH)CH_3$ と決まっています。

よって，カルボン酸 B_1 とアルコール A_4 から合成されるエステル E_5 は以下のようになります。

$$C-C-\underset{\underset{O}{\|}}{C}-OH + C-\underset{\underset{OH}{|}}{C}-C \xrightarrow{-H_2O} C-C-\underset{\underset{O}{\|}}{C}-O-\underset{\underset{C}{|}}{C}-C$$

カルボン酸 B_1　　アルコール A_4　　エステル E_5

エステル E_5(分子量 116)は $(x+1.4)$ g 生じたことになり，エステル E_1 と同じ物質量なので，以下のような式が成立します。

$$\frac{x}{88} = \frac{(x+1.4)}{116} \qquad x = \boxed{4.4\ g}$$

テーマ5のフローチャート

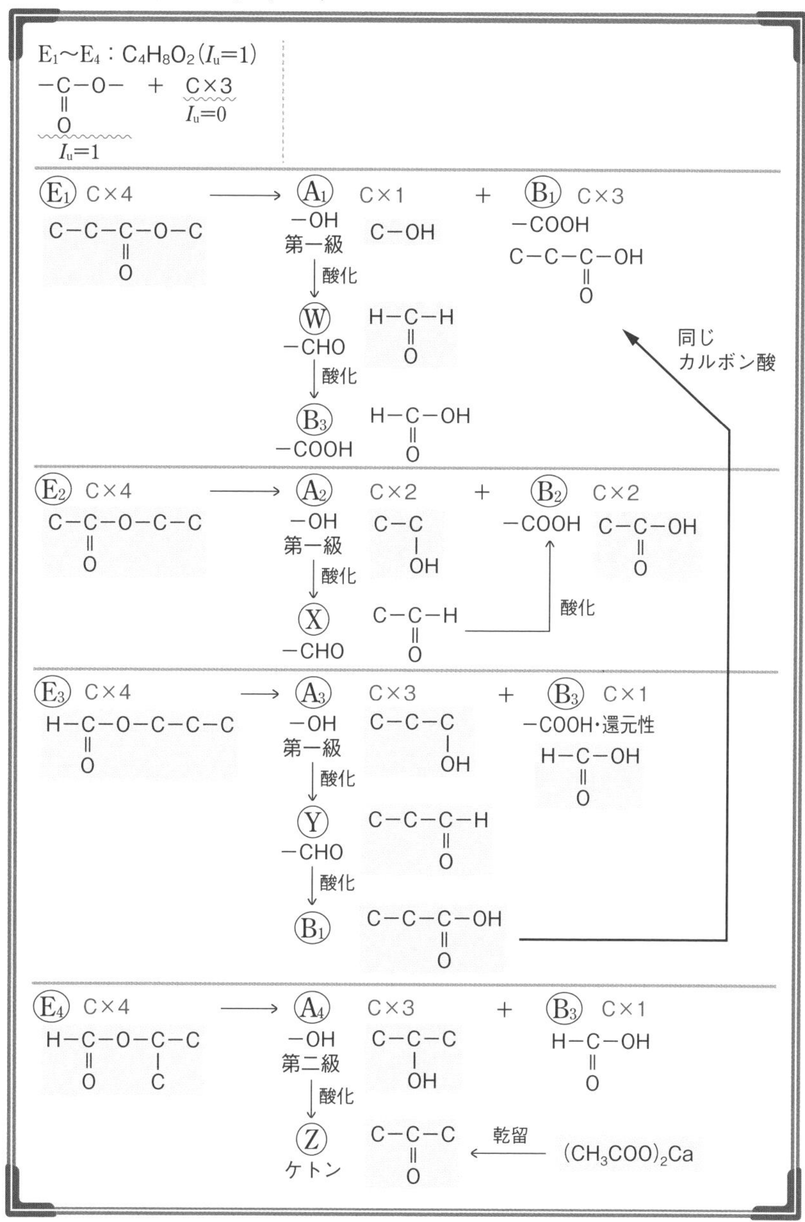

解答

問1 E_1：$CH_3-CH_2-C(=O)-O-CH_3$　　E_2：$CH_3-C(=O)-O-CH_2-CH_3$

E_3：$H-C(=O)-O-CH_2-CH_2-CH_3$　　E_4：$H-C(=O)-O-CH(CH_3)-CH_3$

問2 構造式：$H-C(=O)-OH$

還元性を示す理由：還元性を示すホルミル基をもっているため。

（20字）

問3 名称：酢酸カルシウム

化学反応式：$(CH_3COO)_2Ca \longrightarrow CH_3COCH_3 + CaCO_3$

問4 **4.4〔g〕**

計算過程：用いたエステル $\mathbf{E_1}$（分子量 **88**）を $\boldsymbol{x}$〔g〕とすると，カルボン酸 $\mathbf{B_1}$ とアルコール $\mathbf{A_4}$ から合成されるエステル $\mathbf{E_5}$（分子量 **116**）は（$\boldsymbol{x}$+1.4）〔g〕生じたことになる。

エステル $\mathbf{E_1}$ と $\mathbf{E_5}$ は同じ物質量になるため，以下の式が成立する。

$$\frac{x}{88}=\frac{x+1.4}{116} \qquad x=4.4\ \text{〔g〕}$$

最後に，エステルの反応を確認しておきましょう。

✦重要！ エステルの反応

加水分解

エステルに水と少量の酸を加えて加熱すると，カルボン酸とアルコールに変化する。エステル化の逆反応である。

$$RCOOR' + H_2O \underset{\text{エステル化}}{\overset{\text{加水分解}}{\rightleftarrows}} RCOOH + R'OH$$

NaOH などの塩基を加えて加熱すると，加水分解生成物のカルボン酸が中和反応により取り除かれ，加水分解が促進される。（けん化）

$$\begin{array}{rll} & RCOOR' + H_2O \rightleftarrows & RCOOH + R'OH \\ +) & RCOOH + NaOH \longrightarrow & RCOONa + H_2O \\ \hline & RCOOR' + NaOH \xrightarrow[\text{けん化}]{} & RCOONa + R'OH \end{array}$$

Theme 6

ベンゼン

▶日本女子大学

[問題は別冊14ページ]

イントロダクション

この問題のチェックポイント

☑ベンゼン・アルキルベンゼンの反応が頭に入っているか
☑ C_8H_{10} の異性体を書き出すことができるか

ベンゼン，アルキルベンゼンに関する問題です。アルキルベンゼンの酸化反応は，さまざまなテーマの構造決定に取り入れられるため，しっかりと確認しておきましょう。また，置換体の数を情報で与えてくる問題も多いため，解説を最後まで読み，合わせて確認しておきましょう。

解説

問題文に従って情報を確認していきましょう。

化合物A・B・C・Dの分子式
- 分子式 C_8H_{10}
- 芳香族化合物

分子式から不飽和度を計算し，化合物A・B・C・Dについて予想しましょう。

不飽和度：$\dfrac{2\times8+2-10}{2}=\mathbf{4}$

予　想
- C原子×6 ➡ **ベンゼン環×1（不飽和度4を消費）**
- 残りのC原子×2（残りの不飽和度0）

化合物A・B・C・Dは芳香族炭化水素で，ベンゼン環にC原子が2つ，単結合で結合している（$-CH_3\times2$ or $-C_2H_5\times1$）と考えられます（芳香族であることは与えられていますが，不飽和度から予想できます）。

以上より，化合物 A・B・C・D は以下の❶〜❹が考えられます。

❶ CH_2CH_3　❷ CH_3, CH_3　❸ CH_3, CH_3　❹ CH_3, CH_3

> **化合物 A の酸化**
> - 化合物 A を $KMnO_4aq$ で酸化 ➡ ジカルボン酸 E
> - 化合物 E を加熱 ➡ 分子内で脱水が起こり化合物 F へ

化合物 A は芳香族炭化水素(アルキルベンゼン)であるため，$KMnO_4aq$ によりアルキル基の酸化が起こり，カルボン酸に変化したと考えられます。

C… —$KMnO_4$→ COOH

安息香酸

そして，生成物 E がジカルボン酸であることから，化合物 A は次の二置換体の❷・❸・❹のいずれかとわかります(反応前後で官能基の位置は変化しない)。

❷ CH_3, CH_3　❸ CH_3, CH_3　❹ CH_3, CH_3

o-キシレン　*m*-キシレン　*p*-キシレン

また，化合物 E は加熱により脱水が起こったことから，2 つのカルボキシ基がオルト位に存在(隣接)することがわかります。すなわち，化合物 E はフタル酸，化合物 F は無水フタル酸です。

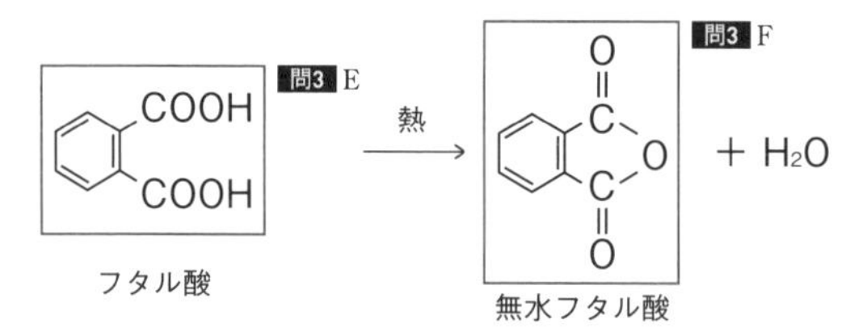

フタル酸　無水フタル酸

以上より，酸化前の化合物 A もオルト位の二置換体であり，❷の *o*-キシレンと決まります。

❷ 問1 A

o-キシレン → フタル酸(E)

✦重要! 反応前後での官能基の位置

- 反応前後で官能基の位置は変化しない!!

次に化合物Bとそれに関する情報を確認しましょう。

化合物Bの酸化
- 化合物Bを$KMnO_4$aqで酸化 ➡ ジカルボン酸G
- 化合物Gを[i]と縮合重合させると[ii]を生じる。
- [ii]はペットボトルの製造に用いられる。

化合物A同様，$KMnO_4$aqによる酸化でジカルボン酸Gに変化したことから，化合物Bは二置換体とわかります。残っている選択肢は❸・❹の2つです。

❸ CH_3 CH_3 ❹ CH_3 CH_3

ジカルボン酸Gと[(i)]を縮合重合させて得られる化合物[(ii)]が，ペットボトルの製造に用いられることから，[(ii)]は**ポリチレンテレフタラート** 問2 ii，そして，ジカルボン酸Gはテレフタル酸，[(i)]は**エチレングリコール** 問2 i と決まります。

$$n\ \boxed{HOOC-C_6H_4-COOH} + nHO-(CH_2)_2-OH$$

問3 G

テレフタル酸　　エチレングリコール

$$\xrightarrow{縮合重合} HO\left[\underset{\underset{O}{\|}}{C}-C_6H_4-\underset{\underset{O}{\|}}{C}-O-(CH_2)_2-O\right]_nH + (2n-1)H_2O$$

反応前後で官能基の位置は変わらないため，化合物Bはテレフタル酸（化合物G）と同じパラ位の二置換体，すなわち❹で決定です。

❹ 問1 B

p-キシレン　$\xrightarrow{KMnO_4}$　テレフタル酸（G）

化合物Dの酸化
化合物Dを$KMnO_4$aqで酸化 ➡ 安息香酸に変化

化合物Dを$KMnO_4$aqで酸化すると安息香酸になったことから，化合物Dは❶の一置換体で決定です。

❶ 問1 D

エチルベンゼン　$\xrightarrow{KMnO_4}$　安息香酸

以上の情報で化合物A・B・Dが決定したため，化合物Cは残りの❸と決定です。

❸ 問1 C

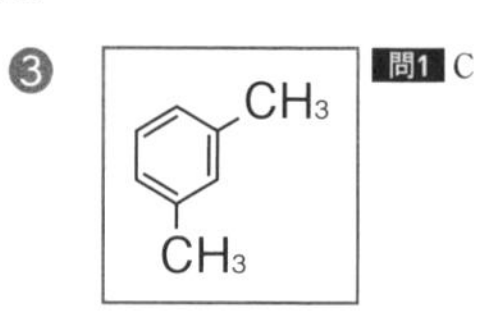

m-キシレン

✦重要！ アルキルベンゼンの酸化

アルキルベンゼンに$KMnO_4$（中性条件下※）を加えて加熱すると，アルキル基が酸化される。このとき，ベンゼンに直結しているC原子が酸化されて$-COOH$に変化する。

C…　$\xrightarrow{KMnO_4}$　COOH　安息香酸

C…, C…　$\xrightarrow{KMnO_4}$　COOH, COOH　フタル酸

※本問ではリード文に「硫酸酸性」とあったが，生成物がカルボン酸であったことから，アルキルベンゼンの酸化と判断した

テーマ6のフローチャート

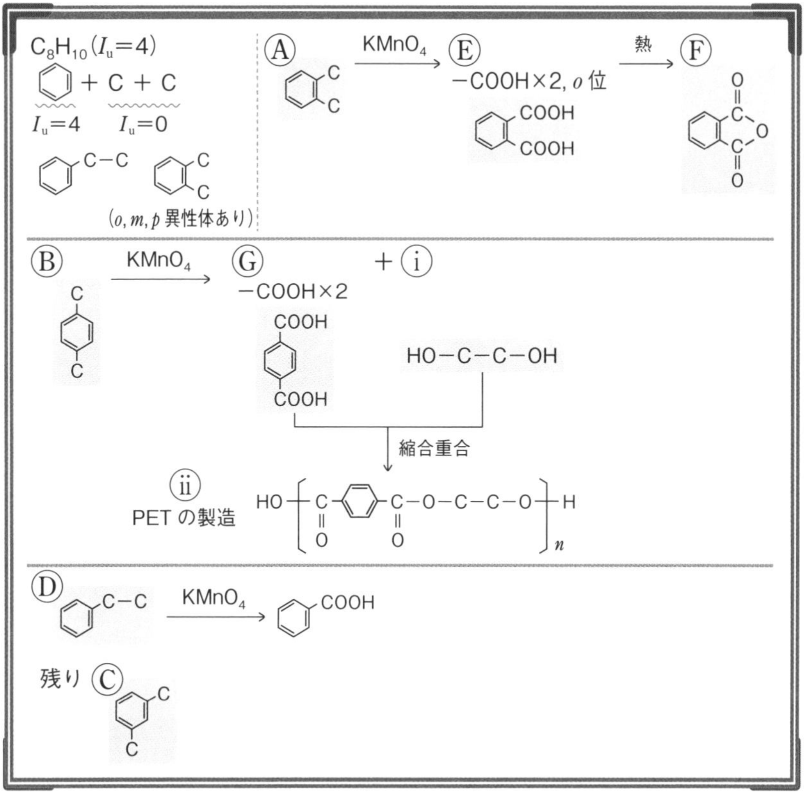

C_8H_{10} (I_u=4)

ベンゼン環 + C + C

I_u=4　I_u=0

C−C　C C

(o, m, p 異性体あり)

Ⓐ　KMnO₄ → Ⓔ　熱 → Ⓕ

C C

−COOH×2, o 位

COOH COOH

O C O C O

Ⓑ　KMnO₄ → Ⓖ　+ ⓘ

C C

−COOH×2

COOH COOH

HO−C−C−OH

縮合重合

ⓘⓘ PET の製造

HO−[C(=O)−C₆H₄−C(=O)−O−C−C−O]$_n$−H

Ⓓ　C−C　KMnO₄ → COOH

残り Ⓒ　C C

解答

問1 化合物A CH_3 CH_3　化合物B CH_3 CH_3

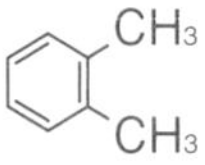

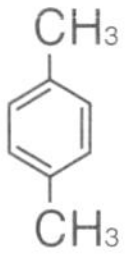

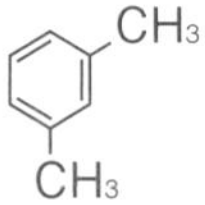

化合物C CH_3 CH_3　化合物D CH_2-CH_3

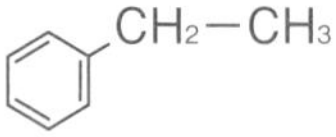

問2 ⅰ：エチレングリコール　ⅱ：ポリエチレンテレフタラート

問3 化合物E COOH COOH　化合物F O C O C O

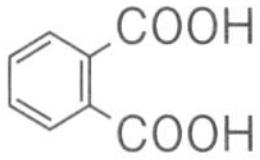

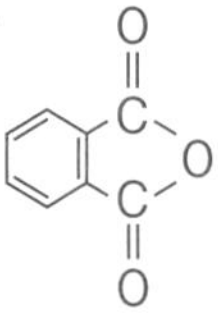

化合物G COOH COOH

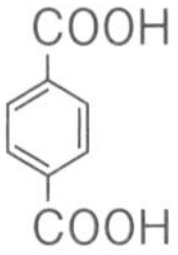

本問では触れていませんが，アルキルベンゼンの構造決定では，置換体の数を情報として与えられることがあります。以下をしっかりと確認しておきましょう。

✦重要！ アルキルベンゼンの置換

アルキルベンゼンのベンゼン環のH原子を1つ，ハロゲンで置換したときの置換体の数を確認してみよう。

例　C_8H_{10} の芳香族化合物(①～④)のベンゼン環に結合しているH原子を1つをCl原子で置換したときの置換体の数(↑はClで置換する場所)

① 一置換体➡**3つ**　C−C

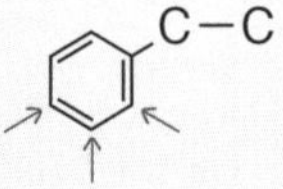

② オルト位の二置換体➡**2つ**　C C

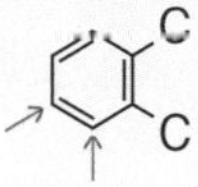

③　メタ位の二置換体➡**3つ**

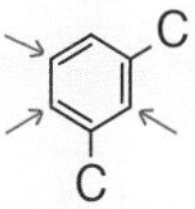

④　パラ位の二置換体➡**1つ**

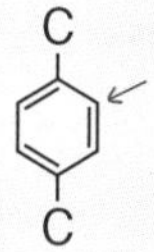

ポイント　パラ位の二置換体は対称性が高く，置換体の数が少ない！
また，アルキル基のH原子を1つCl原子で置換した場合，①のみ不斉炭素原子をもつ化合物が生成する。

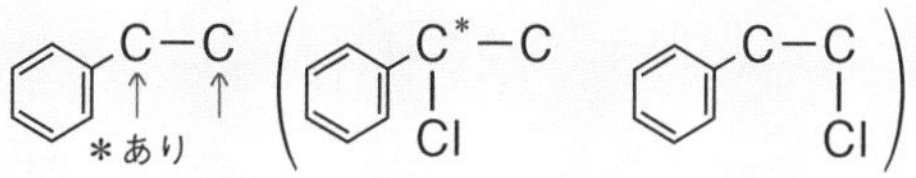

最後に，本問では問われていないベンゼンの反応も確認しておきましょう。

✦重要！ ベンゼンの反応

● **置換反応**

・ハロゲン化

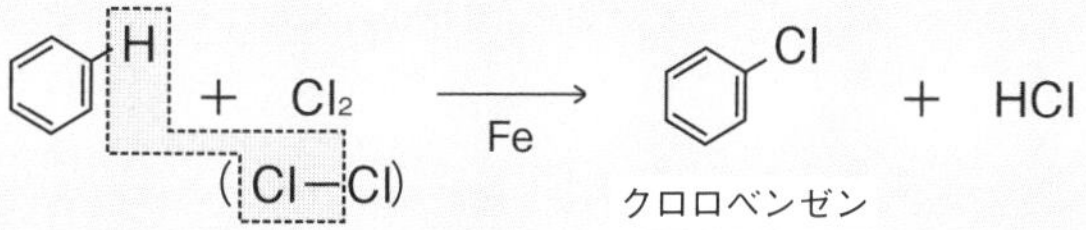

C_6H_5−H $+ Cl_2 \xrightarrow{Fe} C_6H_5Cl + HCl$

（Cl—Cl）

クロロベンゼン

・スルホン化

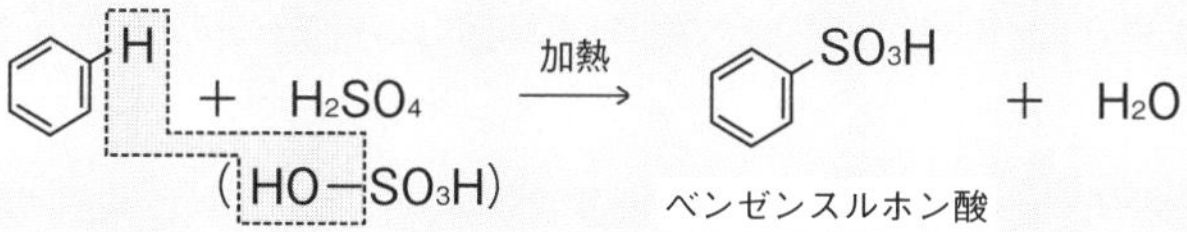

C_6H_5−H $+ H_2SO_4 \xrightarrow{加熱} C_6H_5SO_3H + H_2O$

（HO—SO_3H）

ベンゼンスルホン酸

・ニトロ化

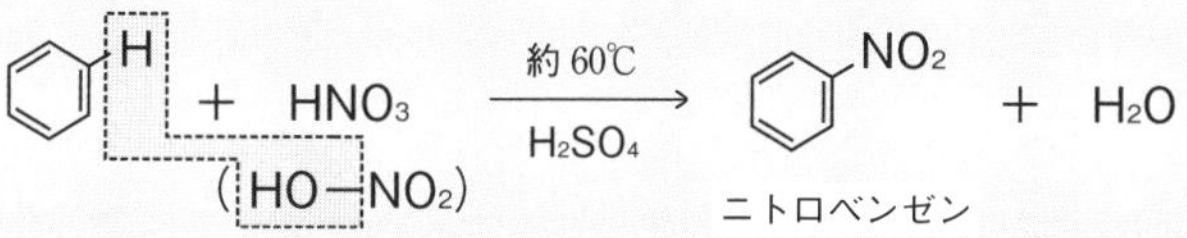

C_6H_5−H $+ HNO_3 \xrightarrow[H_2SO_4]{約60℃} C_6H_5NO_2 + H_2O$

（HO—NO_2）

ニトロベンゼン

（*p*-ジニトロベンゼン（爆発性）の生成を防ぐため，約60℃で行う）

● **付加反応**　3分子同時の付加が条件（1分子だけの付加は起こらない）

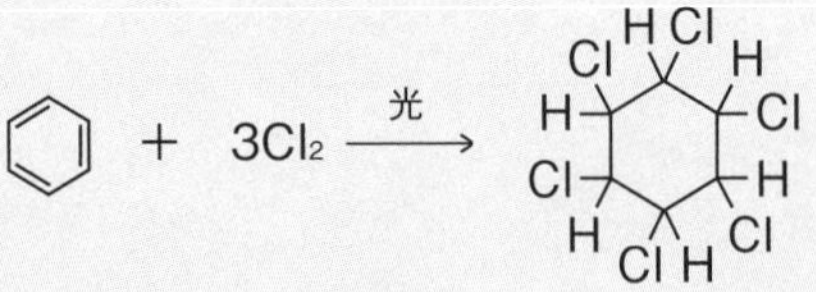

ベンゼン ＋ $3Cl_2$ —光→ ヘキサクロロシクロヘキサン

ヘキサクロロシクロヘキサン

ベンゼン ＋ $3H_2$ —高温高圧、Pt または Ni→ シクロヘキサン

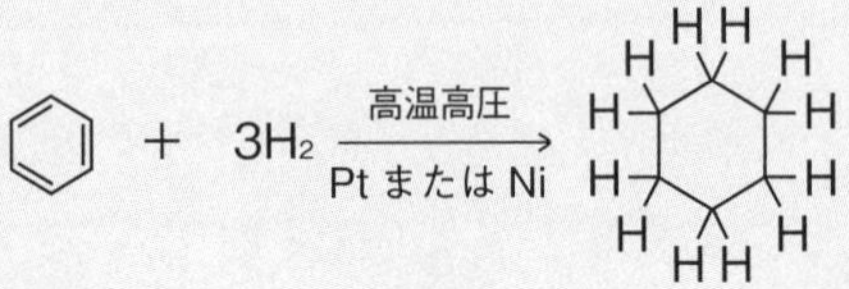

シクロヘキサン

● **酸化開裂**

ベンゼン環を V_2O_5 存在化で空気酸化すると酸無水物が生成

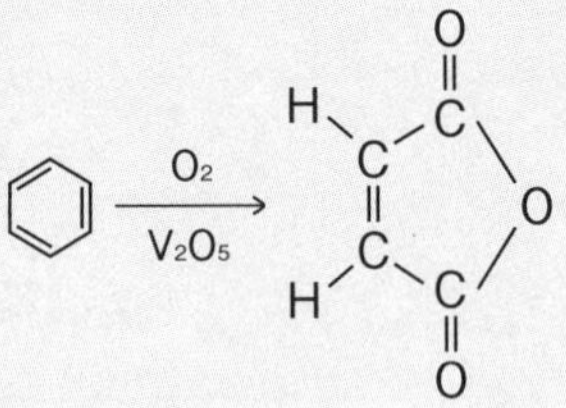

ベンゼン —O_2、V_2O_5→ 無水マレイン酸

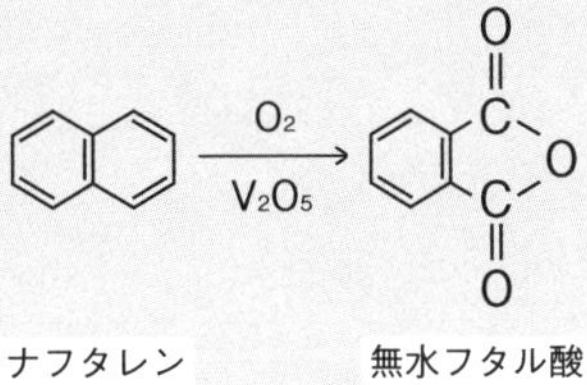

無水マレイン酸

ナフタレン —O_2、V_2O_5→ 無水フタル酸

ナフタレン　　無水フタル酸

Theme 7

フェノール

▶ 岐阜大学

[問題は別冊16ページ]

イントロダクション

この問題のチェックポイント

- ☑フェノールの性質・製法が頭に入っているか
- ☑フェノールが原料となる医薬品や高分子が頭に入っているか

フェノール全般に関する問題です。フェノールの製法や利用法など高分子の分野まで幅広く問われています。構造決定に組み込まれることも多いため，本問を通じてしっかりと確認しておきましょう。

解説

リード文を最初から順に確認していきましょう。

フェノールの工業的製法

ベンゼンとプロペンから触媒の存在下で化合物 A をつくり，これを触媒の存在下で酸素で酸化して化合物 B に変えたのち，希硫酸で分解することで，副生成物である化合物 C とともにフェノールが得られる。

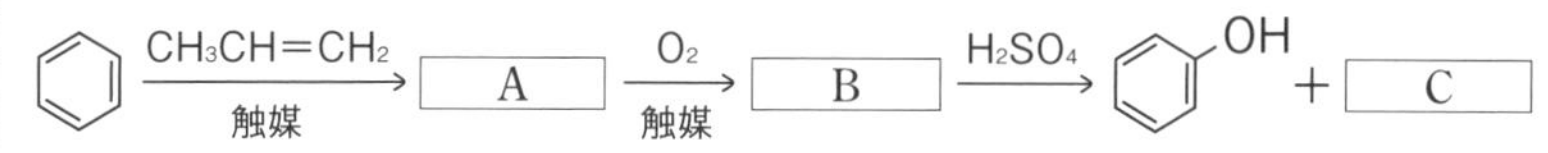

フェノールの工業的製法であるクメン法についてです。流れを確認しましょう。

クメン法

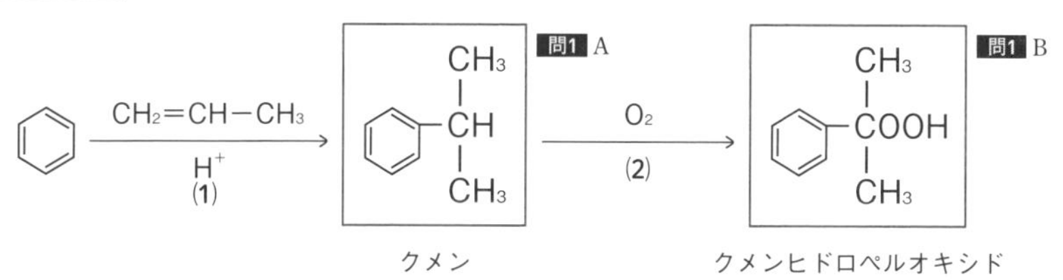

$\xrightarrow[(3)]{H_2SO_4}$ フェノール（OH） + アセトン $CH_3-C(=O)-CH_3$ **問1** C

(1) ベンゼンとプロピレンを酸(H^+)触媒下で反応させる。
➡クメンが生成。

(2) クメンのアルキル基を空気で酸化する。
➡クメンヒドロペルオキシドが生成。

(3) 硫酸を用いて分解する。
➡フェノールとアセトン(代表的な有機溶媒の1つ)に分解される。

ここで，フェノールのその他の製法もまとめて確認しておきましょう。

✦重要！ フェノールの製法

① **クメン法：**
工業的製法 ➡ 上の解説参照

② **ベンゼンスルホン酸ナトリウムのアルカリ融解**

ベンゼン $\xrightarrow{H_2SO_4}$ ベンゼンスルホン酸（SO_3H） $\xrightarrow{NaOHaq}$ ベンゼンスルホン酸ナトリウム（SO_3Na）

$\xrightarrow[\text{アルカリ融解}]{NaOH(固)}$ ナトリウムフェノキシド（ONa） $\xrightarrow{H^+}$ （OH）

③ **クロロベンゼンの加水分解**

ベンゼン $\xrightarrow[Fe]{Cl_2}$ クロロベンゼン（Cl） $\xrightarrow[\text{高温・高圧}]{NaOHaq}$ ナトリウムフェノキシド（ONa） $\xrightarrow{H^+}$ （OH）

④ 塩化ベンゼンジアゾニウムの水溶液を加熱

$$C_6H_5N_2Cl \xrightarrow[\text{熱}]{H_2O} C_6H_5OH + N_2 + HCl$$

塩化ベンゼンジアゾニウム

フェノールの利用
- 熱硬化性樹脂である①フェノール樹脂
- 染料として用いられている②*p*-ヒドロキシアゾベンゼン
- 解熱鎮痛薬として用いられている③アセチルサリチル酸
- 湿布薬として用いられている④サリチル酸メチル

下線部①のフェノール樹脂から順に，それぞれに関する問題といっしょに確認していきましょう。

酸または塩基触媒を用いてフェノールとホルムアルデヒドを加熱すると，付加縮合によりフェノール樹脂が得られます。フェノール樹脂は最初に実用化された合成樹脂で，電気絶縁性に優れているので，電気部品等に利用されています。

酸触媒を用いたときに関する **問2** を確認しましょう。

問2

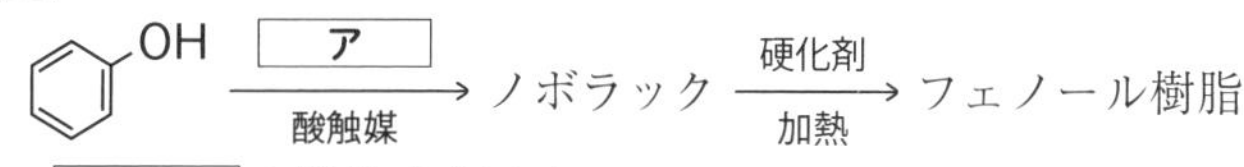

(1) ［ア］の構造式を示せ。

(2) フェノール3分子が反応して生成するノボラックの構造式を示せ。また，これがさらに反応してフェノール樹脂となるとき，反応が起こりやすい箇所すべてに，例にならって○をつけよ。

酸触媒を用いたときは，フェノールがホルムアルデヒドと反応し，ノボラックとよばれる中間体になります。

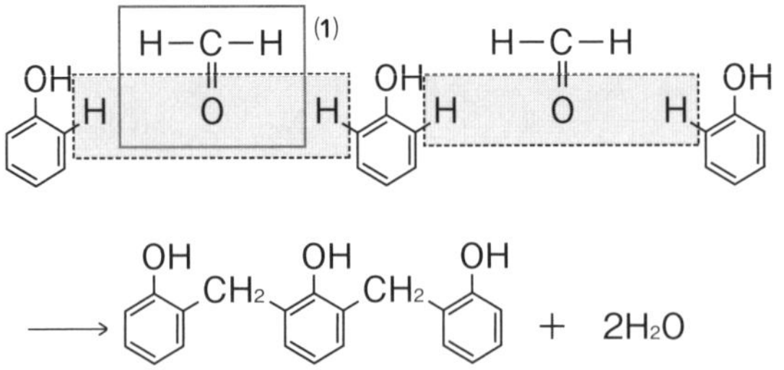

ノボラックは直鎖状で熱可塑性のため，立体網目状高分子にするため，硬化剤を加える必要があります。そして，硬化剤により**フェノール樹脂になるとき，フェノールはオルト位とパラ位が反応しやすい（オルト・パラ配向性）**ので，オルト位とパラ位で重合が進みます。

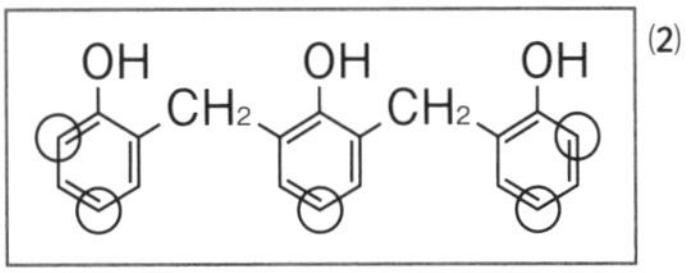

✦重要！ フェノールの反応性

オルト位とパラ位が反応しやすい！
オルト・パラ配向性!!

ちなみに，塩基触媒を用いると，ノボラックより小さい網目状の中間体レゾールが生じます。レゾールは網目状で熱硬化性のため，加熱するだけで重合が進み，フェノール樹脂に変化します。

✦重要！ フェノール樹脂

フェノール樹脂の合成の流れは以下のようになる。

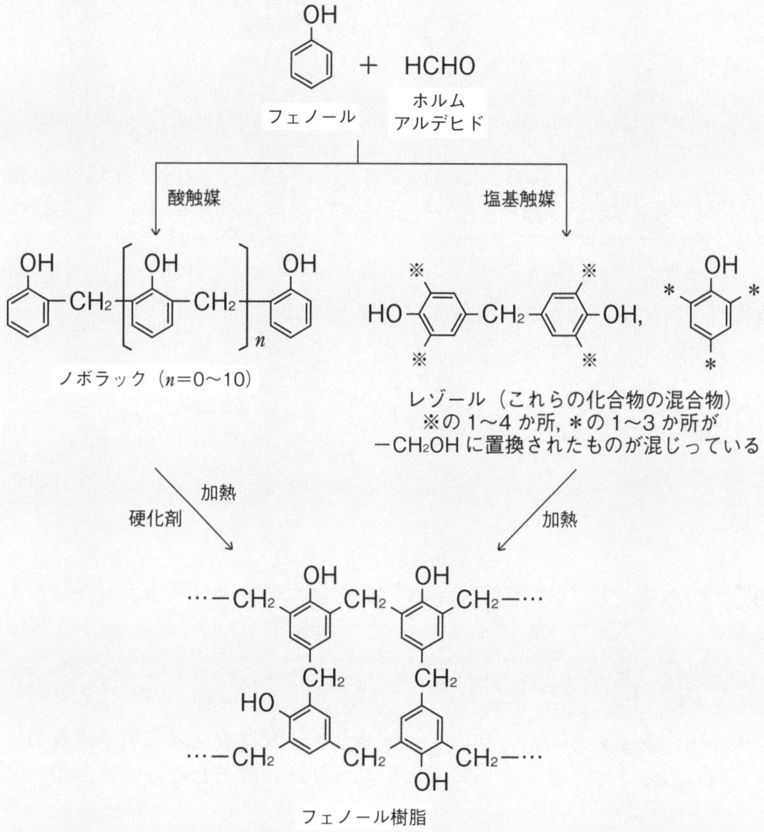

また，フェノールのナトリウム塩（ナトリウムフェノキシド）はカップリングにより，染料である *p*-ヒドロキシアゾベンゼンの合成に用いられています。

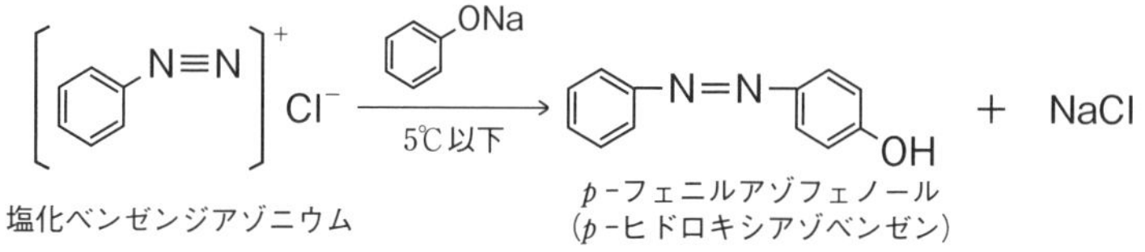

問3

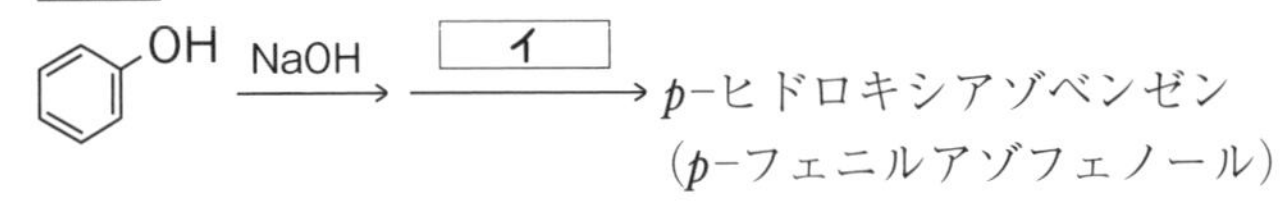

(1) [イ] の構造式を示せ。

(2) p-ヒドロキシアゾベンゼンの構造式を示せ。

(3) この反応で p-ヒドロキシアゾベンゼン 100 g を合成するには，フェノールは何 g 必要となるかを答えよ。ただし，各反応は完全に進行するものとする。

カップリングは，通常「アニリン」のテーマで学ぶため，先述のように，塩化ベンゼンジアゾニウムに注目した書き方になりますが，本問ではナトリウムフェノキシドに注目しているため，以下のようになります。

OH —NaOH→ ONa（ナトリウムフェノキシド） —[N_2Cl]（(1)イ）→ [N=N—OH]（(2)）p-ヒドロキシアゾベンゼン

これより，フェノール(分子量 94)と p-ヒドロキシアゾベンゼン(分子量 198)の物質量比は 1：1 であるため，p-ヒドロキシアゾベンゼン 100 g を合成するために必要なフェノールを x〔g〕とすると，以下の式が成立します。

$$\frac{x}{94}=\frac{100}{198} \qquad x=\mathbf{47.4} \qquad \boxed{\mathbf{47}\,〔\mathbf{g}〕}$$ (3)

そして，フェノールから合成されるサリチル酸は解熱鎮痛剤や消炎剤などの原料になります。フェノールを用いたサリチル酸の合成方法をコルベ・シュミット反応といいます。

コルベ・シュミット反応

ONa（ナトリウムフェノキシド） —CO_2 高温高圧 ①→ OH, COONa（サリチル酸ナトリウム） —H^+ ②→ OH, COOH（サリチル酸）

① ナトリウムフェノキシドに CO_2 を高温高圧で反応させる。

➡ サリチル酸ナトリウムが生成する。

② カルボン酸より強い酸を加える。

➡ 弱酸遊離反応によりサリチル酸が遊離する。

それでは，サリチル酸を用いた医薬品の合成に関する **問4** を確認しましょう。

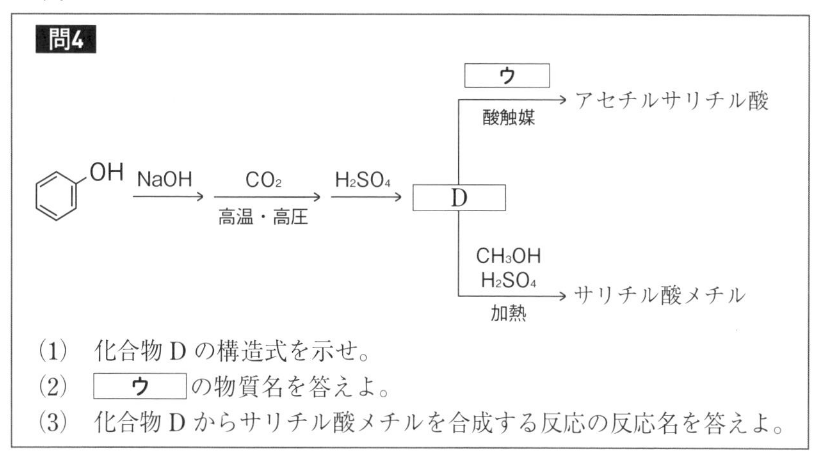

(1)　化合物Dの構造式を示せ。
(2)　［　ウ　］の物質名を答えよ。
(3)　化合物Dからサリチル酸メチルを合成する反応の反応名を答えよ。

前半は，先ほど確認したコルベ・シュミット反応で，フェノールからサリチル酸を合成する流れです。

サリチル酸は「フェノール」であり「カルボン酸」でもあります。フェノールとして反応するのがアセチルサリチル酸の合成です。サリチル酸のフェノール性ヒドロキシ基と**無水酢酸**(2)のアセチル化により，アセチルサリチル酸が生成します。

$$C_6H_4(OH)COOH \text{（サリチル酸，(1)D）} + (CH_3CO)_2O \text{（無水酢酸）} \xrightarrow{H_2SO_4} C_6H_4(OCOCH_3)COOH \text{（アセチルサリチル酸）} + CH_3COOH$$

アセチルサリチル酸は，医薬品名がアスピリンで，解熱鎮痛剤として利用されています。

そして，もう1つが，サリチル酸のカルボキシ基とメタノールの**エステル化**(3)によりサリチル酸メチルが生成する反応です。

$$C_6H_4(OH)COOH \text{（サリチル酸）} + CH_3OH \text{（メタノール）} \longrightarrow C_6H_4(OH)COOCH_3 \text{（サリチル酸メチル）} + H_2O$$

サリチル酸メチルは，消炎作用をもつため湿布薬などに利用されています。

✦重要! サリチル酸から合成される医薬品

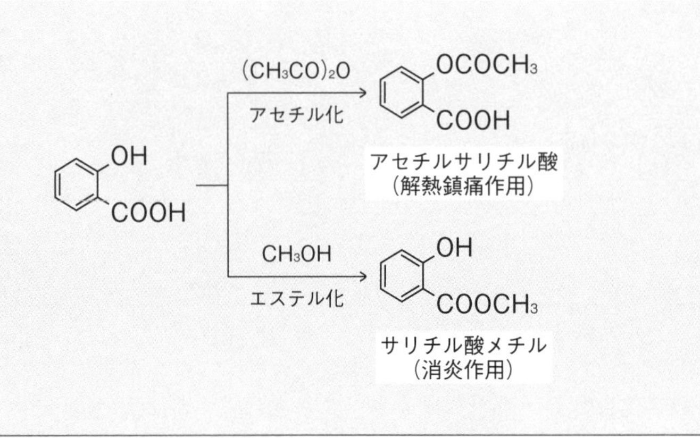

それでは最後に，フェノールの検出法に関する **問5** を確認しましょう。

> **問5** 次に示す(a)～(d)のそれぞれの水溶液に塩化鉄(Ⅲ)水溶液を加えたとき，赤紫～紫に呈色するものには○を，呈色しないものには×を記せ。
> (a)　ベンゼン　　(b)　フェノール　　(c)　アセチルサリチル酸
> (d)　サリチル酸メチル

塩化鉄(Ⅲ)水溶液はフェノール性ヒドロキシ基の検出に利用されています。

与えられた選択肢(a)～(d)がフェノール性ヒドロキシ基をもつかどうかを判断しましょう。

(a)　ベンゼン　➡フェノール性ヒドロキシ基なし　×

(b)　OH　フェノール　➡フェノール性ヒドロキシ基あり　◎

(c)　$OCOCH_3$　COOH　アセチルサリチル酸　➡フェノール性ヒドロキシ基なし　×

(d) 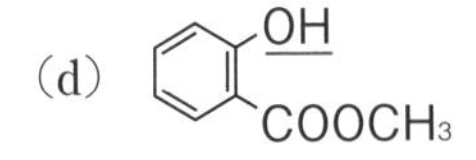

サリチル酸メチル

➡フェノール性ヒドロキシ基あり 

フェノール性ヒドロキシ基の検出法は構造決定でも頻出です。陽性か陰性かの判断がスムーズにできるよう，代表的な化合物の構造式はスラスラ書けるようになっておきましょう。

✦**重要！** フェノール性ヒドロキシ基の検出法

塩化鉄(Ⅲ)水溶液を加えると紫(赤紫～青紫)に呈色!!

それでは最後に，フェノールの性質や反応をまとめて確認しておきましょう。

✦**重要！** フェノールの反応

ベンゼン環に直結した−OH(フェノール性ヒドロキシ基)は非常に弱い酸性を示す。

- **Na と反応して H_2 発生**　−OH の検出法
  - アルコールと同様である。
- **塩化鉄(Ⅲ)水溶液で紫に呈色**　フェノール性−OH の検出法
  - アルコールとの区別に利用される。
- **置換反応**
  - フェノール性−OH のオルト位とパラ位で置換反応が進行する。(オルト・パラ配向性)
- **エステル化**
  - 反応性が低く，相手が酸無水物なら進行する。

解答

問1 化合物A

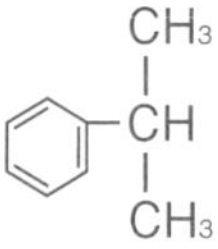

$$C_6H_5-CH(CH_3)_2$$

化合物B

$$C_6H_5-C(CH_3)_2-O-O-H$$

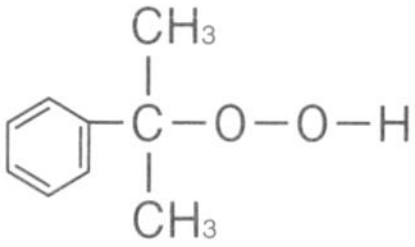

化合物C

$$CH_3-\underset{\underset{O}{\|}}{C}-CH_3$$

問2 (1) $H-\underset{\underset{O}{\|}}{C}-H$　(2) OH OH OH CH₂ CH₂

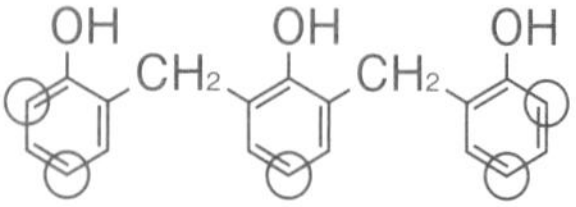

問3 (1) $\left[C_6H_5-N\equiv N\right]^+Cl^-$　(2) $C_6H_5-N=N-C_6H_4-OH$

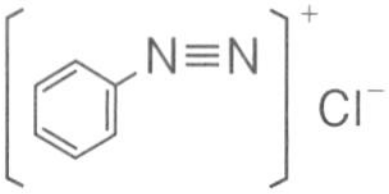

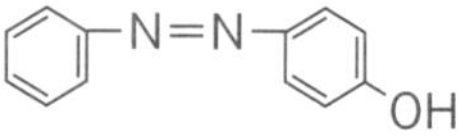

(3) **47〔g〕**

問4 (1) OH COOH　(2) 無水酢酸　(3) エステル化

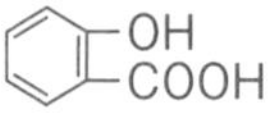

問5 (a) ×　(b) ○　(c) ×　(d) ○

アニリン

▶ 群馬大学

[問題は別冊18ページ]

イントロダクション

この問題のチェックポイント

☑アニリンの製法・反応が頭に入っているか
☑論述の問題に対応できるか(弱塩基遊離反応)
☑有機化合物の化学反応式を書くことができるか

アニリンは構造決定で取り扱われることが少ない代わりに，合成法(実験)について問われたり，本問のように化学反応式や論述の問題が出題されやすかったりします。本問を通じて課題を見つけ，日頃から手を動かして書く練習をしておきましょう。

解説

問題文に従って情報を確認していきましょう。

> **アミン・アニリン**
> 　アンモニアの水素原子を芳香族炭化水素基で置き換えた化合物を芳香族アミンといい，芳香族アミンは［　A　］を示す。
> 　アニリンは，特有の臭気をもつ無色の油状物質であり，水に溶けにくいが，酸の水溶液には塩をつくってよく溶ける。特に，塩酸との塩は［　ア　］とよばれている。

アンモニア NH_3 の H 原子をアルキル基で置き換えたものをアミンといいます。1つ置き換えたものが第一級アミン，2つ置き換えたものが第二級アミン，3つ置き換えたものが第三級アミンです。

H−N−H ｜ H	R−N−H ｜ H	R−N−H ｜ R′	R−N−R″ ｜ R′
アンモニア	第一級アミン	第二級アミン	第三級アミン

アミンのアルキル基Rが芳香族炭化水素基の化合物を芳香族アミンといい，代表的なものは，Rがフェニル基のアニリンです。

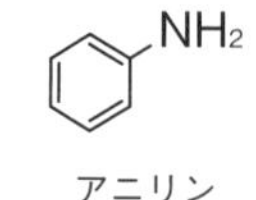

アニリン

アミンはNH_3のH原子がアルキル基で置き換わっただけで，非共有電子対はそのまま残っています。それによりH^+を受け入れることができるため**塩基性** 問2 A を示します。

$$\mathrm{H-\underset{\displaystyle H}{\underset{|}{\ddot{N}}}-H} \;+\; \mathrm{H^+} \longrightarrow \left[\mathrm{H-\underset{\displaystyle H}{\underset{|}{\overset{\displaystyle H}{\overset{\uparrow}{N}}}}-H}\right]^+$$

アンモニウムイオン

$$\mathrm{C_6H_5{-}H-\underset{\displaystyle H}{\underset{|}{\ddot{N}}}-H} \;+\; \mathrm{H^+} \longrightarrow \left[\mathrm{C_6H_5{-}\underset{\displaystyle H}{\underset{|}{\overset{\displaystyle H}{\overset{\uparrow}{N}}}}-H}\right]^+$$

アニリニウムイオン

アニリンも例外ではありません。アニリンもアンモニアと同じように塩酸と中和反応を起こし**アニリン塩酸塩** 問1 ア に変化します。

$$NH_3 + HCl \longrightarrow NH_4Cl$$

塩化アンモニウム

$$C_6H_5NH_2 + HCl \longrightarrow C_6H_5NH_3Cl$$

アニリン塩酸塩

よって，アニリンは水には溶解しませんが，酸の水溶液には塩となって溶解します。

✦重要！ アニリンの塩基性

アンモニアと同じ感覚で扱ってみる!!

アニリンの製法

工業的には，ニッケルを触媒として，［ イ ］を水素により還元することでつくられている。実験室では，［ イ ］をスズ(または鉄)と塩酸で還元することにより［ ア ］とした後に，a水酸化ナトリウム水溶液を加えることでアニリンを遊離させている。

アニリンは，**ニトロベンゼン** 問1 イ の還元によって合成されます。
工業的には H_2 を使って還元します。

$$C_6H_5NO_2 + 3H_2 \xrightarrow{Ni} C_6H_5NH_2 + 2H_2O$$

ニトロベンゼン

そして，実験室ではスズ Sn(または鉄 Fe)を使って塩酸酸性下でニトロベンゼンを還元します。このとき，生成するアニリンは塩酸と中和反応を起こし，アニリン塩酸塩として生成します。

$$C_6H_5NO_2 \xrightarrow{還元} [C_6H_5NH_2] \xrightarrow{中和} C_6H_5NH_3Cl$$

アニリン塩酸塩

よって，アニリン塩酸塩から弱塩基性のアニリンを遊離させるため，強塩基性の水酸化ナトリウムを加えます(弱塩基遊離反応)。この反応の化学反応式は頻出です。手を動かして書いておきましょう(以下のようにアンモニアを意識すると書きやすくなります)。

$$C_6H_5NH_3^+Cl^- + Na^+OH^- \longrightarrow C_6H_5NH_2 + H_2O + NaCl$$

［NH_3 の製法と同じ

$$NH_4^+Cl^- + Na^+OH^- \longrightarrow NH_3 + H_2O + NaCl$$ ］

それでは下線部 a に関する **問3** を確認しましょう。

問3 下線部 a でアニリンを遊離させるために水酸化ナトリウムが用いられる理由を 30 字以内で記せ。

先述のように，弱塩基性のアニリンを遊離させるために，アニリンよりも強い塩基性の水酸化ナトリウム(強塩基性)が使用されます。本問は 30 字以内なので，たくさん書くことはできません。「アニリンよりも強い塩基性」の部分をアピールしておきましょう。

解答例　**水酸化ナトリウムはアニリンよりも強い塩基性であるため。**

また，酸化還元反応の反応式は分野を問わずよく出題されます。有機化合物になると少し難しく感じるかもしれませんが，酸化還元反応式の作り方に従うときちんと書くことができます。

余裕がある人は無機化学の酸化還元反応式の書き方を復習し，ニトロベンゼンの還元についても手を動かして書いておきましょう。

✦参考！ ニトロベンゼンとスズの酸化還元反応式

通常の酸化還元反応式に従って書いていこう。

酸化剤がニトロベンゼン，還元剤がスズである。それぞれ，アニリンと Sn^{4+} に変化する。

❶半反応式

酸化剤：$C_6H_5NO_2 + 6H^+ + 6e^- \longrightarrow C_6H_5NH_2 + 2H_2O$ ……①

還元剤：$Sn \longrightarrow Sn^{4+} + 4e^-$ ……②

❷イオン反応式

①×2＋②×3より

$$2C_6H_5NO_2 + 3Sn + 12H^+ \longrightarrow 2C_6H_5NH_2 + 3Sn^{4+} + 4H_2O$$

❸酸化還元反応式

塩酸酸性下なので両辺に $12Cl^-$ を追加。

$$2C_6H_5NO_2 + 3Sn + 12HCl \longrightarrow 2C_6H_5NH_2 + 3SnCl_4 + 4H_2O$$

また，生成物の $C_6H_5NH_2$（塩基）は塩酸で中和されて $C_6H_5NH_3Cl$ に変化するため，両辺に2HClを追加。

$$2C_6H_5NO_2 + 3Sn + 14HCl \longrightarrow 2C_6H_5NH_3Cl + 3SnCl_4 + 4H_2O$$

アニリンの酸化

アニリンを硫酸酸性の二クロム酸カリウム水溶液と反応させると，［ ウ ］とよばれる物質が生成し，この物質は染料に用いられている。

アニリンは酸化剤によって酸化され，オルト位やパラ位で重合していきます。酸化剤によって重合の度合いが変わるため，それぞれ「どのような現象が見られるか」が問われます。

その中の1つが硫酸酸性の二クロム酸カリウム水溶液$K_2Cr_2O_7aq$です。$K_2Cr_2O_7$は強い酸化剤なのでアニリンの重合が進み，**アニリンブラック** 問1 ウ とよばれる黒い沈殿に変化します。

アニリンの検出法も含まれるので，まとめて確認しておきましょう。

✦重要！ アニリンの酸化

- 空気(O_2)で酸化 ➡ 赤～黒(最初は赤，長時間放置で黒)
- さらし粉水溶液(ClO^-)で酸化 ➡ 赤紫　(**アニリンの検出法**)
- $K_2Cr_2O_7aq$で酸化 ➡ 黒色沈殿(アニリンブラック)が生じる。

アニリンのアミド化

アニリンを無水酢酸と反応させるとアミド結合をもつ［ エ ］が生成する。

アニリンはカルボン酸と反応し，アミドが生成します。カルボン酸を酸無水物に変えると収率が高くなります。

例　酢酸・無水酢酸との反応：**アセトアニリド** 問1 エが生成

$$C_6H_5NH_2 + CH_3COOH \xrightarrow[H_2SO_4]{\text{アセチル化}} C_6H_5\text{-}NH\text{-}CO\text{-}CH_3 + H_2O$$

酢酸　　アセトアニリド

$$C_6H_5NH_2 + (CH_3CO)_2O \xrightarrow{\text{アセチル化}} C_6H_5\text{-}NH\text{-}CO\text{-}CH_3 + CH_3COOH$$

無水酢酸　　アセトアニリド

テーマ8 アニリン

アニリンのジアゾ化

アニリンの希塩酸溶液を冷やしながら[オ]と反応させると，塩化ベンゼンジアゾニウムが生成する。塩化ベンゼンジアゾニウムは低温の水溶液中では安定に存在するが，温度が上がると b 塩化ベンゼンジアゾニウムは水溶液中で分解してフェノールを生じる。

アニリンの希塩酸溶液を氷冷しながら**亜硝酸ナトリウム** 問1 オ と反応させると，ジアゾ化が進行し，塩化ベンゼンジアゾニウムが生成します。

$$C_6H_5NH_2 \xrightarrow[5℃以下]{HCl \cdot NaNO_2} [C_6H_5-N \equiv N]^+ Cl^-$$

塩化ベンゼンジアゾニウム

塩化ベンゼンジアゾニウムは5℃以上で分解が起こり，フェノールに変化してしまいます。

$$C_6H_5N_2Cl \xrightarrow[熱]{H_2O} C_6H_5OH + N_2 + HCl$$

問4

そのため，ジアゾ化は5℃以下で(氷冷しながら)行います。

ちなみに，ジアゾ化の化学反応式は以下のようになります。

$$C_6H_5NH_2 + 2HCl + NaNO_2 \xrightarrow[5℃以下]{} C_6H_5N_2Cl + NaCl + 2H_2O$$

塩化ベンゼンジアゾニウムのカップリング

塩化ベンゼンジアゾニウムの水溶液にナトリウムフェノキシドの水溶液を加えると，赤橙色の c *p*-ヒドロキシアゾベンゼン(*p*-フェニルアゾフェノール)が生成する。この反応を[カ]という。分子中にアゾ基 −N=N− をもつ化合物をアゾ化合物といい，黄色〜赤色を示すものが多く，アゾ染料やアゾ色素として広く用いられる。メチルオレンジもアゾ化合物であり，[B]側では水素イオンと結びついて色が変わるので，pH 指示薬として用いられる。

塩化ベンゼンジアゾニウムの水溶液にナトリウムフェノキシド水溶液を加えると，**カップリング** 問1 カ により赤橙色の *p*-ヒドロキシアゾベンゼン(*p*-フェニルアゾフェノール)が生成します。

カップリングも，ジアゾ化と同様に5℃以下に冷却しながら行います。

$$\left[\ce{C6H5-N#N}\right]^+ \ce{Cl-} \xrightarrow[\text{5℃以下}]{\ce{C6H5ONa}} \boxed{\ce{C6H5-N=N-C6H4-OH}} + \ce{NaCl}$$

問5

p-フェニルアゾフェノール
(*p*-ヒドロキシアゾベンゼン)

また，アゾ基をもつアゾ化合物の多くは染料や色素として利用されており，**アゾ染料やアゾ色素**とよばれています。その代表的なものがpH指示薬のメチルオレンジです。

メチルオレンジは変色域がpH3.1～4.4(**酸性** 問2 B 域)のpH指示薬です。

$$\ce{(H3C)2N-C6H4-N=N-C6H4-SO2-O^-Na^+}$$

メチルオレンジ

ジアゾ化，カップリングは構造決定の中にも取り入れられることが多い反応です。まとめて確認しておきましょう。

✦重要！ ジアゾ化・カップリング(ジアゾカップリング)

ジアゾ化

$$\ce{C6H5-NH2 ->[HCl \cdot NaNO2][冷] C6H5-N2Cl}$$

塩化ベンゼンジアゾニウム

カップリング

$$\ce{C6H5-N2Cl ->[C6H5ONa][冷] C6H5-N=N-C6H4-OH}$$

p-ヒドロキシアゾベンゼン

※ジアゾ化もカップリングも氷冷しながら行う。
(塩化ベンゼンジアゾニウムがフェノールに変化するのを防ぐため)

解答

問1 ア　アニリン塩酸塩　　イ　ニトロベンゼン

ウ　アニリンブラック　　エ　アセトアニリド

オ　亜硝酸ナトリウム　　カ　カップリング

問2 A　③　　B　①

問3 水酸化ナトリウムはアニリンよりも強い塩基性であるため。(27字)

問4 $C_6H_5N_2Cl + H_2O \longrightarrow C_6H_5OH + N_2 + HCl$

問5 $C_6H_5-N=N-C_6H_4-OH$（p-ヒドロキシアゾベンゼン）

Theme 9

芳香族の分離

▶ 立教大学

[問題は別冊20ページ]

イントロダクション

この問題のチェックポイント

- ☑ 芳香族化合物の「酸性・中性・塩基性」を判断できるか
- ☑「反応した化合物(塩)を水層へ」が徹底できているか
- ☑ 検出法が頭に入っているか

芳香族の分離に関する問題です。酸と塩基の知識を使うテーマです。代表的な芳香族化合物の分離がクリアできているか，本問を通じて確認しておきましょう。

解説

問題文に従って情報を確認していきましょう。

分離する芳香族化合物の試料

安息香酸・フェノール・トルエン・アニリンの4種類の芳香族化合物がジエチルエーテルに溶解した混合試料。

混合している4種類の芳香族化合物が何性の化合物かを確認しておきましょう。

安息香酸はカルボン酸なので酸性，フェノールも酸性(弱い)，トルエンは中性(覚えなくてよい)，アニリンはアミンなので塩基性です。

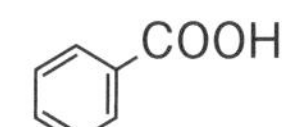

安息香酸
(酸性)

フェノール
(酸性)

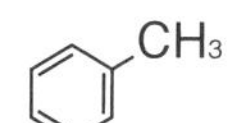

トルエン
(中性)

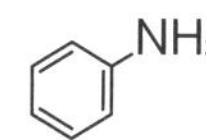

アニリン
(塩基性)

✦重要！ 芳香族の分離を始める前に

混合している化合物がそれぞれ何性か，必ず確認!!

このあと，芳香族化合物を分離する操作が始まります。問題の操作を確認する前に，分離するときのポイントを確認しておきましょう。

芳香族化合物のほとんどは水に不溶，有機溶媒(エーテル)に可溶です。よって，実験を開始するときには，すべての芳香族化合物がエーテル層に溶解しています。

そして，**加えた物質と反応して塩(イオン結合性物質)に変化したものだけが水層に移動**します。よって，「加えた物質と反応するのは誰なのか」に注目しましょう。

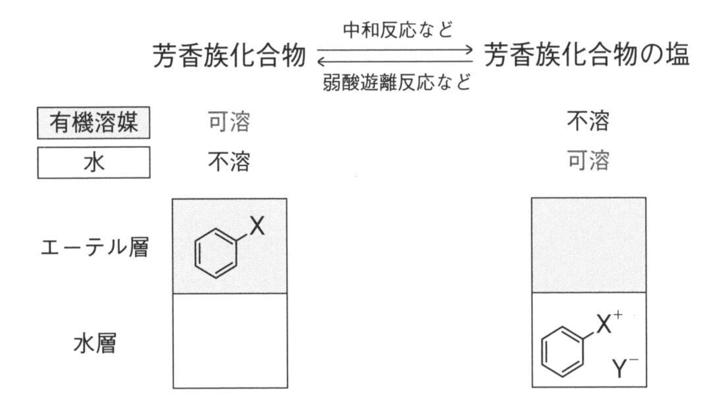

また，「**水層が下，エーテル層が上**」であることも重要です。本問では問われていませんが，しっかり押さえておきましょう。

✦**重要!** 芳香族の分離

芳香族化合物は，基本エーテル層(有機層)！　塩になったら水層へ!!

そして，本問では分離操作について以下のような情報が与えられています。

分離に関する情報
- 混合している物質を1種類ずつ分離する。
- 必要な試薬と分液ろうとなどのガラス器具を使用する。

まず，混合している物質を「1種類ずつ」分離とあるため，この実験では，「**1つの操作により1種類の化合物が反応し，水層に移動する**」ことがわかります。

そして，芳香族の分離のように「溶解性の違い(エーテルに溶解するか，水に溶解するか)を利用して分離する方法」が**抽出**です。

抽出に利用する実験器具が**分液ろうと**(右図)です。

それでは，操作を確認していきましょう。

エーテル層
水層

分液ろうと

操作1　希塩酸を加える

混合エーテル溶液に希塩酸を加える。

➡エーテル層Aと水層Bに分離する。

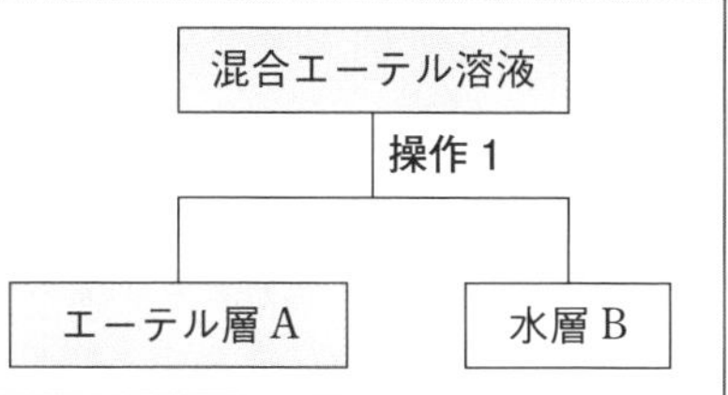

混合エーテル溶液に希塩酸を加えるとエーテル層Aと水層Bに分離します。

加えた希塩酸は酸性なので，反応するのは塩基性のアニリンです。

$$C_6H_5NH_2 + HCl \longrightarrow C_6H_5NH_3Cl$$

反応して塩に変化したら水層に移動するため，以下のようになります。

- アニリン塩酸塩 ➡ 水層B 問2 アニリン
- それ以外(安息香酸・フェノール・トルエン)➡エーテル層A

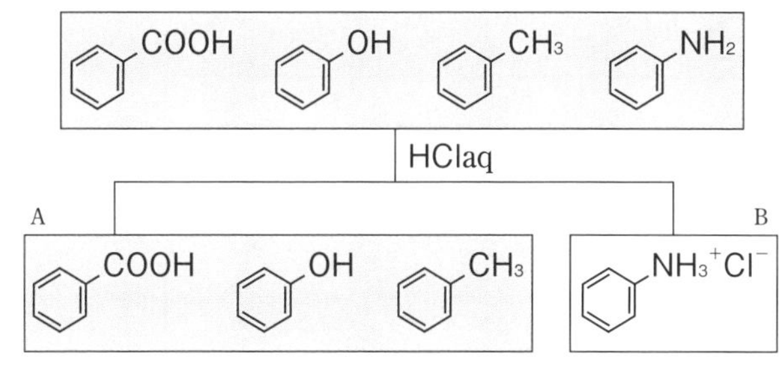

このあと，水層Bに NaOHaq とエーテルを加えて振り混ぜて静置すると，弱塩基遊離反応によって**アニリン**が遊離し，エーテル層に移動します。

$$\text{C}_6\text{H}_5\text{-NH}_3^+\text{Cl}^- + \text{Na}^+\text{OH}^- \longrightarrow \text{C}_6\text{H}_5\text{-NH}_2 + H_2O + \text{NaCl}$$

そして，エーテルを蒸発させるとアニリンを得ることができます。

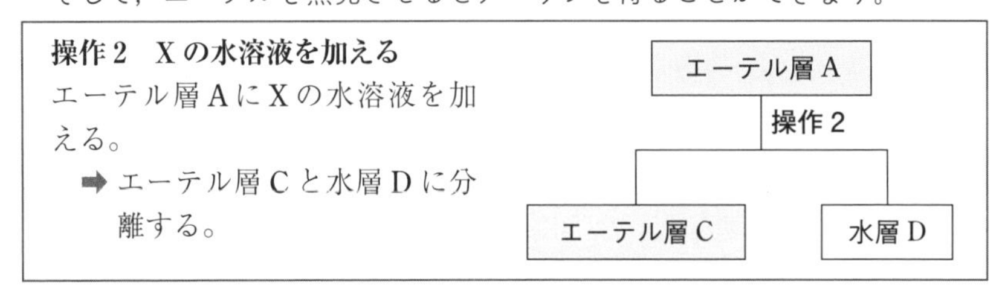

加えた試薬がわかっていませんが，本問では「**1つの操作により1種類の化合物が反応し，水層に移動する**」という条件が与えられているため，試薬Xの水溶液により芳香族化合物の1つのみが反応することになります。

すなわち，エーテル層に存在している安息香酸，フェノール，トルエンのうち1つだけが反応して水層Dに移動します。

では，安息香酸，フェノール，トルエンのうち1つだけが反応する試薬として何が適切か考えましょう。

- 安息香酸 ➡ 酸性なので塩基と反応。また，炭酸より強い酸なので，$NaHCO_3$aqと反応(カルボン酸の検出法)する。(弱酸遊離反応)
- フェノール ➡ 酸性なので塩基と反応。炭酸より弱いので，$NaHCO_3$aqと反応しない。
- トルエン ➡ 中性なので酸とも塩基とも反応しない。

	NaOHaq	$NaHCO_3$aq
安息香酸 (酸性・炭酸より強い)	**反応する**	**反応する**
フェノール (酸性・炭酸より弱い)	**反応する**	反応しない
トルエン(中性)	反応しない	反応しない

以上より，1つの化合物だけを反応させて水層に移動させる方法は，「**炭酸水素ナトリウム** 問1 試薬X 水溶液を使って安息香酸だけを反応させる」が適切であることがわかります。

$$C_6H_5\text{-COOH} + NaHCO_3 \longrightarrow C_6H_5\text{-COONa} + H_2O + CO_2$$

- 安息香酸のナトリウム塩 ➡ **水層 D** 問2 安息香酸
- それ以外(フェノール・トルエン) ➡ エーテル層 C

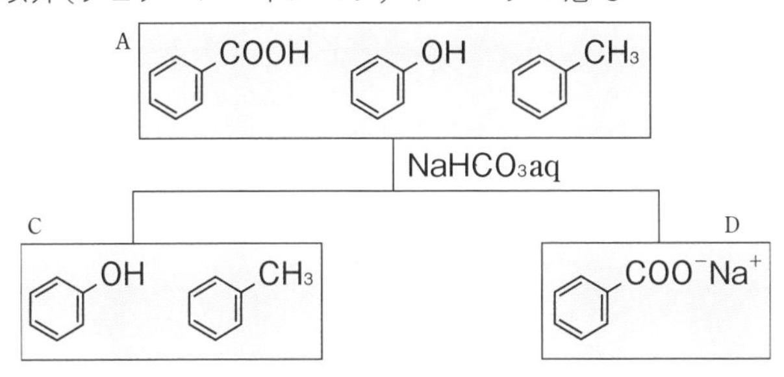

このあと，水層Dに塩酸とエーテルを加えて振り混ぜて静置すると，弱酸遊離反応によって安息香酸が遊離し，エーテル層に移動します。

$$C_6H_5\text{-COO}^-Na^+ + HCl \longrightarrow C_6H_5\text{-COOH} + NaCl$$

そして，エーテルを蒸発させると安息香酸を得ることができます。

操作2のような $NaHCO_3aq$ を使用して安息香酸とフェノールを分離する方法は，頻出です。酸の強弱をしっかり復習しておきましょう。

✦重要! カルボン酸とフェノールを分離する方法

$NaHCO_3aq$ を利用！　カルボン酸のみ反応して水層へ!!

ちなみに，$NaHCO_3aq$ と安息香酸を反応させると CO_2 が発生し，内圧が高くなります。これにより分液ろうとが破損する恐れがあるため，ガス抜きの操作(CO_2 を分液ろうとの外に出す操作)が必要です。あわせて確認しておきましょう。

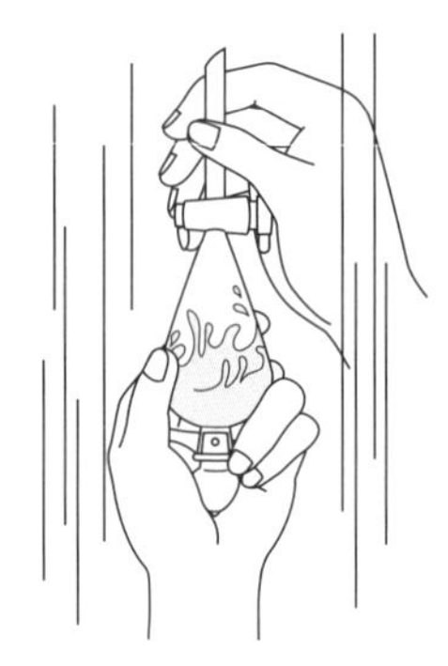

栓とコックを押さえて
上下に振る。

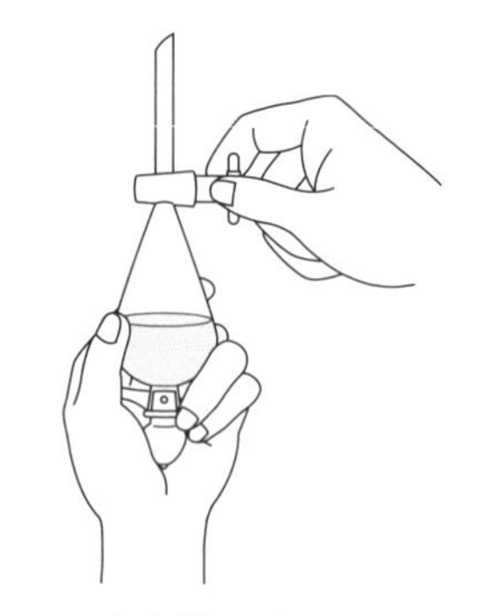

コックを開いて
ガス(CO_2)を外へ。

✦重要! 抽出の操作でCO_2が発生するとき

内圧の上昇による分液ろうとの破損を防ぐため，ガス抜きが必要!!

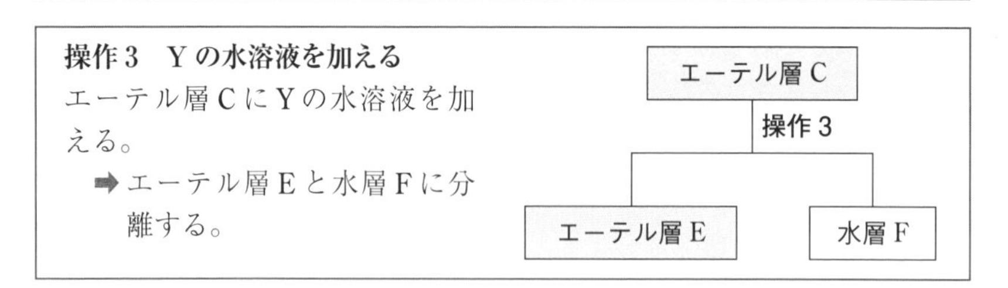

加えた試薬がわかっていませんが，操作2同様，試薬Yの水溶液により芳香族化合物の1つのみが反応します。すなわち，エーテル層Cに存在しているフェノール，トルエンのうちどちらか1つだけが反応して水層Fに移動します。

フェノールは酸性，トルエンは中性なので，塩基性の試薬**水酸化ナトリウム** 問1 試薬Y 水溶液を加えればフェノールのみが反応して塩となり水層へ移動します。

- フェノールのナトリウム塩 ➡ **水層F** 問2 フェノール
- トルエン ➡ エーテル層E

C：C_6H_5OH, $C_6H_5CH_3$ —NaOHaq→ E：$C_6H_5CH_3$ ／ F：$C_6H_5O^-Na^+$

このあと，水層Fに塩酸とエーテルを加えて振り混ぜて静置すると，弱酸遊離反応によって**フェノール**問2 d が遊離し，エーテル層に移動します。

$$C_6H_5ONa + HCl \longrightarrow C_6H_5OH + NaCl$$

そして，エーテルを蒸発させるとフェノールを得ることができます。

また，エーテル層Eのエーテルを蒸発させるとトルエンを得ることができます。

以上で，4種類の芳香族化合物の分離が完了しました。全体像をまとめておきましょう。

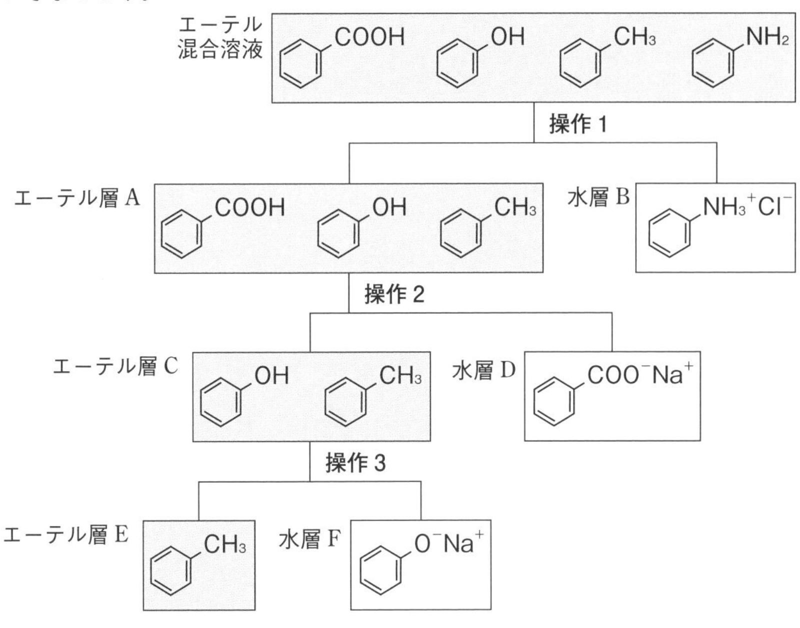

それでは **問3** を確認しましょう。

> **問3** 分離した4つの芳香族化合物のうち，フェノールとアニリンを検出することで，それぞれの物質が分離できていることを確認したい。フェノールとアニリンの検出方法について，それぞれ50字以内で記せ。

検出法に関する論述問題です。それぞれの検出法を復習しましょう。

フェノールの検出法：**塩化鉄(Ⅲ)水溶液を加えると青紫に呈色する。**

アニリンの検出法：**さらし粉水溶液を加えると赤紫に呈色する。**

有機化合物の検出法は構造決定でも重要な情報の1つとなります。しっかり押さえておきましょう。

解答

問1 試薬X：d　　試薬Y：e

問2 安息香酸：b　　フェノール：d　　アニリン：a

問3 フェノールの検出法：
塩化鉄(Ⅲ)水溶液を加えて，青紫に呈色することを確認する。(27字)
アニリンの検出法：
さらし粉水溶液を加えて，赤紫に呈色することを確認する。(27字)

最後に，次ページに芳香族化合物の分離についてまとめておきましょう。

✦重要！ 芳香族化合物の分離(抽出)

「**反応して塩になったものを水層に移す**」を徹底しよう！

- **エーテルは上層，水は下層。**

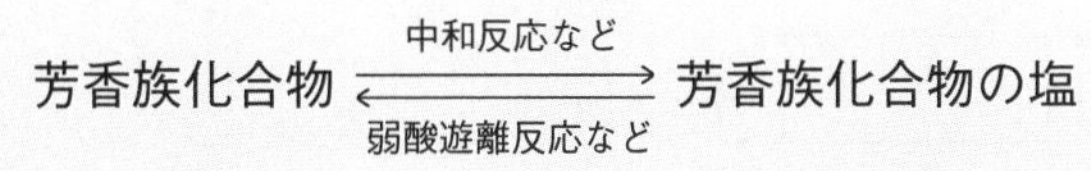

	芳香族化合物	芳香族化合物の塩
有機溶媒	可溶	不溶
水	不溶	可溶

エーテル

水

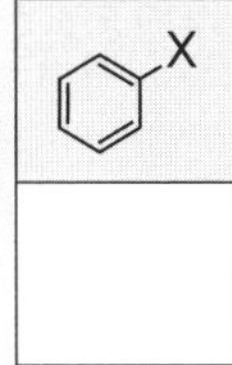

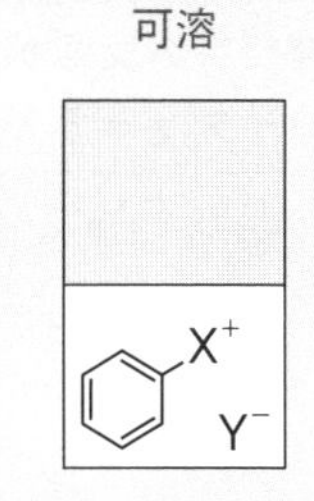

- **使用する実験器具：分液ろうと**
- **操作の過程で CO_2 が発生する場合，内圧で破裂するのを防ぐためにガス抜きを行う。**

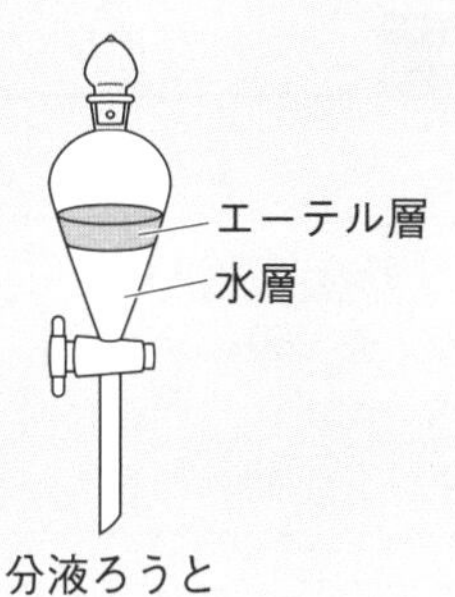

分液ろうと

構造決定の総合問題

▶ 神戸薬科大学

[問題は別冊22ページ]

イントロダクション

この問題のチェックポイント

☑有機化学の反応が頭に入っているか
☑フローチャートを書きながら情報を整理できるか

構造決定の総合問題です。ここまでに確認したことがクリアできているか，チャレンジしてみましょう。最初から完答できなくても問題ありません。問題を通じて自分の課題を見つけ，それらの克服を目標にしましょう。

解説

問題文に従って記述1～7を確認していきましょう。

1. 化合物Aについて
- 分子量260以下
- ベンゼンの二置換体
- 中性化合物

多くの構造決定では，最初に分子量を与えられますが，この問題は与えられていません。

予想ができませんが，与えられた情報を落ち着いて書き出していきましょう。

2. 化合物Aの加水分解

化合物A ⟶ 化合物B ＋ 化合物C ＋ 芳香族化合物D
（酸性）　（中性）　（酸性）　（酸性）

まず，行った操作から確認しましょう。

「NaOHaqを加えて加熱した後，塩酸を加えて反応液を酸性にする」という文章から，行ったのは加水分解で，化合物Aはエステルだとわかります。

- NaOHaq を加えて加熱 ➡ エステルのけん化（生成物は RCOONa と R′OH）
- 塩酸を加えて反応液を酸性にする ➡ 弱酸遊離反応により RCOOH が遊離

$$RCOONa + HCl \longrightarrow RCOOH + NaCl$$

結果，**酸を用いてエステルを加水分解したのと同じ**です。

$$RCOOR' + H_2O \longrightarrow RCOOH + R'OH$$

次に，生成物を確認しましょう。生成物が B・C・D の 3 つであったことから，**化合物 A にはエステル結合が 2 つ存在する**（化合物 A は 2 価のエステル）ことがわかります。

- 化合物 B（中性）➡ アルコール
- 化合物 C（酸性）➡ カルボン酸
- 化合物 D（ベンゼンあり・酸性）➡ 芳香族のカルボン酸

✦重要！「NaOHaq を加えて加熱，その後酸性にする」ときたら

エステルを酸触媒で加水分解したのと同じ！
生成物はカルボン酸とアルコール!!

---

3. 化合物 B について
- 分子量 100 以下
- 不斉炭素原子あり
- 元素分析の結果
  C：64.8 %，H：13.6 %，O：21.6 %（質量百分率）

元素分析の結果と分子量から，化合物 B の分子式を決定しましょう。
各元素の物質量比は以下のようになり，組成式が決まります。

$$物質量比\ C:H:O = \frac{64.8}{12} : \frac{13.6}{1.0} : \frac{21.6}{16} \fallingdotseq \mathbf{4:10:1}$$

➡ 組成式 $C_4H_{10}O$（式量：74）

組成式 $C_4H_{10}O$ の式量は 74 で，化合物 B の分子量は 100 以下であるため，$\boxed{C_4H_{10}O}$ 問1 がそのまま化合物 B の分子式になります。

では，分子式から不飽和度を確認しておきましょう。

$$不飽和度 = \frac{2\times4+2-10}{2} = 0$$

また，**記述 2** より，化合物 B はアルコールです。以上より，化合物 B は C=C 結合や環状構造をもたないアルコール(飽和のアルコール)と決まります。

それでは「不斉炭素原子をもつ C 数 4 のアルコール」である化合物 B を書き出してみましょう。

```
C−C−C*−C
      |
      OH
```

化合物 B

上記の 1 種類しか書くことができません。ここで化合物 B が決定(2-ブタノール)です。

それでは，化合物 B に関する **問2** を確認しましょう。

> **問2** 化合物 B の構造異性体は B を含めていくつあるか。ただし，鏡像異性体(光学異性体)は，たがいに異なる化合物として数える。

分子式 $C_4H_{10}O$ の異性体を考えましょう。

不飽和度は 0 であるため，アルコールかエーテルです。それぞれの構造異性体は以下のようになります。

```
                                  C
                                  |
アルコール    C−C−C−C         C−C−C    (4 種類)
                ↑   ↑             ↑   ↑
                                  C
                                  |
エーテル      C−C−C−C         C−C−C    (3 種類)
                 ↑  ↑              ↑
```

以上より，構造異性体は **7** 種類です。

(問題文に「鏡像異性体は，たがいに異なる化合物として数える」とありますが，鏡像異性体は構造異性体ではないため，今回は考慮していません。もし，「化合物 B の異性体は B を含めていくつあるか」という問題であれば，鏡像異性体を含めて 8 種類となります。)

4. 化合物Bの酸化
化合物Bを硫酸酸性 $K_2Cr_2O_7$aq で酸化 ➡ 中性化合物Eが生成

化合物Bは2-ブタノールと決定しています。第二級アルコールなので，酸化するとケトン(中性)になります。

C－C－C(OH)－C —酸化→ C－C－C(＝O)－C　問3 E

エチルメチルケトン

5. 化合物Cを決定するための情報
アセチレンに触媒を用いて水付加 ➡ ビニルアルコールを経て化合物Fへ化合物Fを酸化 ➡ 化合物Cへ

アセチレンに触媒を用いて水を付加させると，不安定なビニルアルコール(エノール形)を経て安定な**アセトアルデヒド** 問4 F(ケト形)に変化します。(➡ テーマ2 炭化水素の p.26)

H－C≡C－H —H_2O ($HgSO_4$)→ [H_2C＝CH(OH)] ⟶ H－C(H)(H)－C(＝O)－H

ビニルアルコール(不安定)　　アセトアルデヒド

また，アセトアルデヒド(化合物F)を酸化すると酢酸に変化します。よって，化合物Cは酢酸で決定です。

C－C(＝O)－H —酸化→ C－C(＝O)－OH

アセトアルデヒド　　酢酸(化合物C)

6. 化合物Dの酸化
化合物Dを硫酸酸性 $K_2Cr_2O_7$aq を用いて酸化
➡ 化合物Gを経て化合物Hへ

化合物Dを $K_2Cr_2O_7$aq を用いて酸化すると化合物Gを経て化合物Hに変化したことから，化合物Dはカルボキシ基(➡**記述1**)だけでなく，第一級アルコールのヒドロキシ基ももっている芳香族の二置換体とわかります。

第一級アルコール ⟶ アルデヒド ⟶ カルボン酸
（化合物 G）　（化合物 H）

※このように，問題文が進んでから最初の情報を使うことがあります。
フローチャートのように書き出して，読み取った情報は管理していきましょう。

7. 化合物 H の脱水
化合物 H を加熱 ➡ 化合物 I(酸無水物) ⬅ ナフタレンを酸化(V_2O_5 触媒)

化合物 H を加熱すると酸無水物の化合物 I が生成したことから，化合物 H にはカルボキシ基が隣り合った場所(オルト位)に存在していることがわかります(おそらく化合物 H はフタル酸，化合物 I は無水フタル酸です)。

また，V_2O_5 を用いてナフタレンを酸化しても，化合物 I が得られたことから，化合物 I は無水フタル酸と決定できます。よって，化合物 H は**フタル酸** 問4 H です。

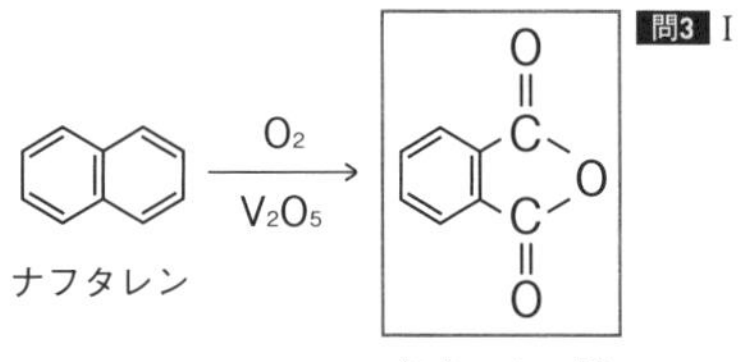

無水フタル酸

では，**記述 6** に戻りましょう。以下のことがわかっていました。

化合物 D $\xrightarrow{酸化}$ **化合物 G** $\xrightarrow{酸化}$ **化合物 H**
−COOH あり　アルデヒド　カルボン酸
第一級アルコール

また，**記述 7** で化合物 H がフタル酸と決まったので，化合物 D，G が以下のように決まります。

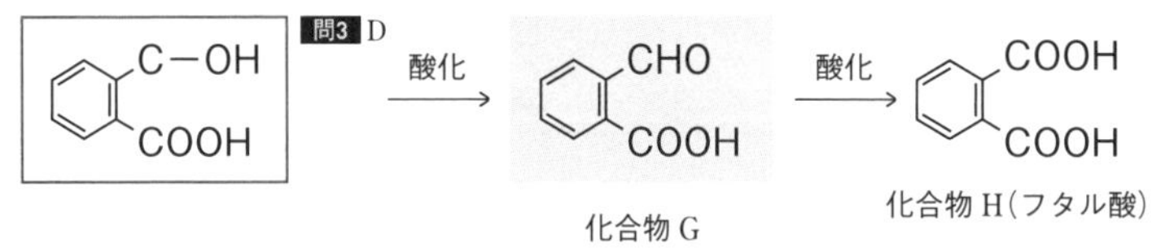

ここまでに決定した化合物 B・C・D を脱水縮合させると化合物 A が決定します。

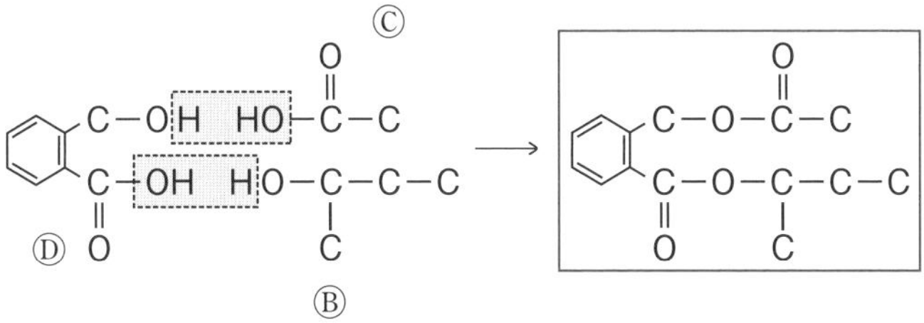

$$\text{(Ⓓ フタル酸)} + \text{(Ⓒ 酢酸)} + \text{(Ⓑ アルコール)} \longrightarrow \text{(エステル A)}$$

問3 A

それでは，最後に **問5** を確認しましょう。

> **問5** 化合物C～F，およびHに関する次の記述のうち，正しいものに○印を，誤っているものに×印を記入せよ。
> (a) 化合物Dと化合物Eにはシス-トランス異性体(幾何異性体)が存在する。
> (b) 化合物Fは，触媒を用いてエチレンを酸化することで得られる。
> (c) 炭酸水素ナトリウム水溶液に，化合物Hを加えると二酸化炭素が発生するが，化合物Cを加えても二酸化炭素は発生しない。
> (d) 化合物Hは，*o*-キシレンを酸化することで得られる。

(a) 化合物D，EともにC=C結合はもたず，シス-トランス異性体(幾何異性体)は存在しません。

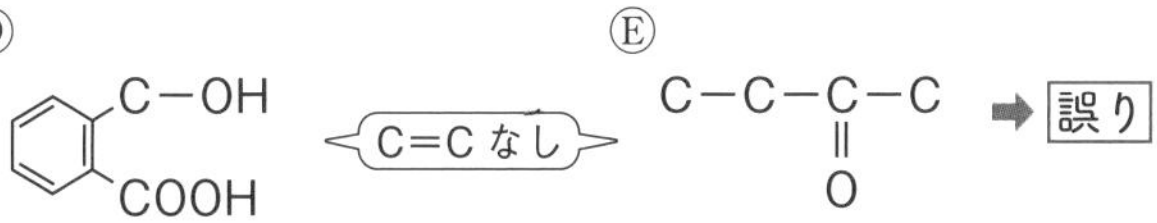

Ⓓ Ⓔ C−C−C(=O)−C 〈C=Cなし〉 ➡ 誤り

(b) 化合物Fはアセトアルデヒドです。

アセトアルデヒドの工業的製法は，塩化パラジウム(Ⅱ)$PbCl_2$ などの触媒を用いたエチレンの酸化です。➡ 正しい

$$2\,CH_2{=}CH_2 + O_2 \longrightarrow 2\,CH_3CHO$$

(c) 「$NaHCO_3aq$ と反応し CO_2 が発生する」という反応はカルボン酸の検出法です。化合物H(フタル酸)だけでなく，化合物C(酢酸)もカルボン酸なので $NaHCO_3aq$ と反応し CO_2 が発生します。➡ 誤り

(d) 化合物H(フタル酸)は，*o*-キシレンを $KMnO_4$(中性下)で酸化すると得られます。➡ 正しい

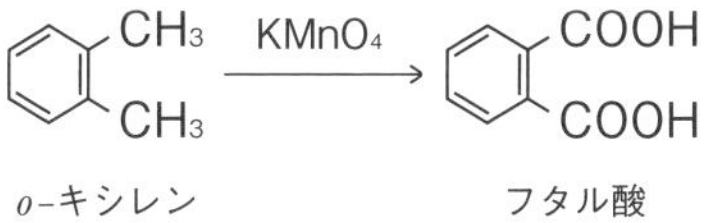

$$\text{o-キシレン} \xrightarrow{KMnO_4} \text{フタル酸}$$

o-キシレン　フタル酸

テーマ 10 構造決定の総合問題

テーマ 10 のフローチャート

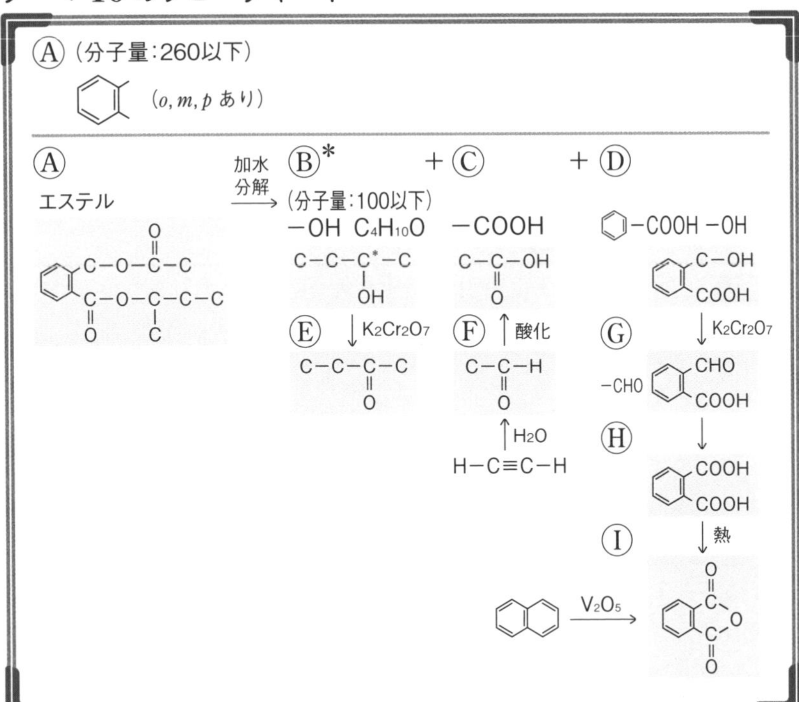

解答

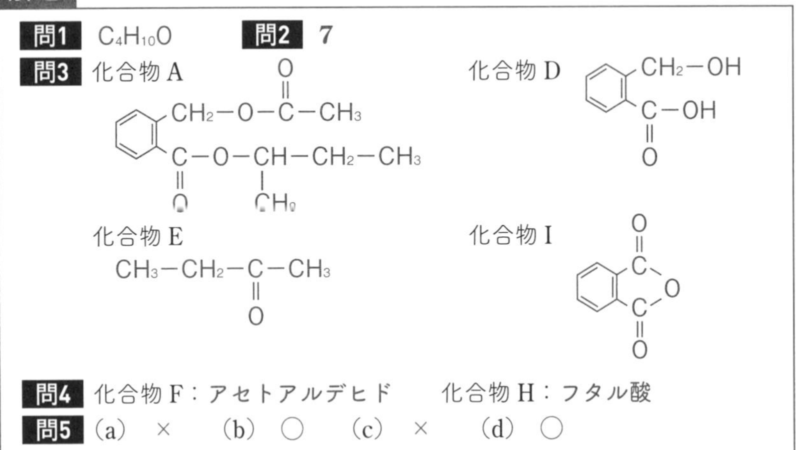

問1 $C_4H_{10}O$　　**問2** 7

問3 化合物 A　化合物 D　化合物 E　化合物 I

問4 化合物 F：アセトアルデヒド　　化合物 H：フタル酸

問5 (a) ×　(b) ○　(c) ×　(d) ○

糖　　類

▶ 神奈川大学・甲南大学

［問題は別冊24ページ］

この問題のチェックポイント

- ☑糖類に関する標準的な知識があるか
- ☑糖類の計算問題の立式できるか
- ☑論述問題にスムーズに対応できるか

糖類は高分子化合物の中でも出題されやすいテーマの１つです。単純な知識問題から計算問題まで，しっかりと確認していきましょう。

解 説

問題文を確認していきましょう。

> **デンプンとセルロース**
> 　デンプンとセルロースは，いずれも $[C_6H_7O_2(OH)_3]_n$ で表される高分子化合物であり，デンプンは［ a ］-グルコース単位，セルロースは［ b ］-グルコース単位からなる。デンプン中の直鎖型アミロース構造の部分は分子内で［ c ］結合を形成して，らせん構造をとっている。一方，セルロースは平行に並んだ分子どうしに多くの［ c ］結合が存在するため，強い繊維となる。

多糖類は，単糖類のグルコースがグリコシド結合で多数つながっています。すなわち，多数のグルコースが脱水縮合でつながったものと考えることができます。

単糖類の分子式は $C_6H_{12}O_6$〔分子量 180〕なので，多糖類の分子式は次のように表すことができます。

$$(C_6H_{12}O_6 - H_2O) \times n = (C_6H_{10}O_5)_n$$ 〔分子量$(180-18) \times n = 162n$〕

また，右図（セルロース）のように，**グルコースの繰り返し単位の中にヒドロキシ基－OHが3つ存在**します。

それがわかるように$(OH)_3$を明記した，以下の表記で多糖類を表すこともあります。

多糖類：$(C_6H_{10}O_5)_n$ ➡ $[C_6H_7O_2(OH)_3]_n$

例 セルロース

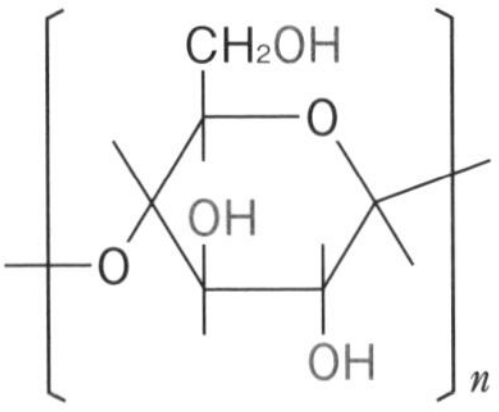

それではまず，デンプンから確認しましょう。

● **デンプン**

デンプンは構成単糖が $\boxed{\alpha}$ 問1 a−グルコースの多糖類で，熱水に溶解するアミロースと溶解しないアミロペクチンの混合物です。

• **アミロース：（1,4結合のみ）** ➡「直鎖」らせん構造

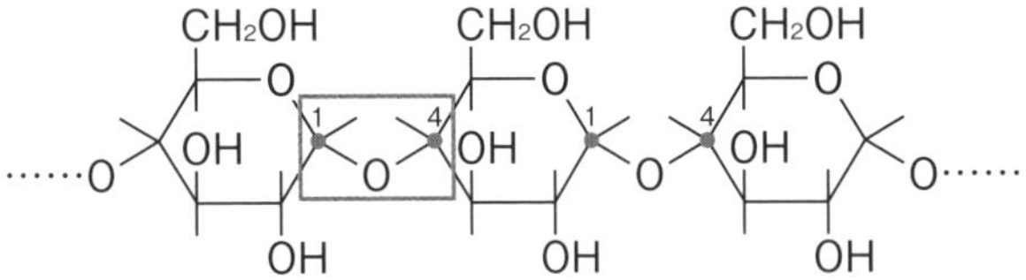

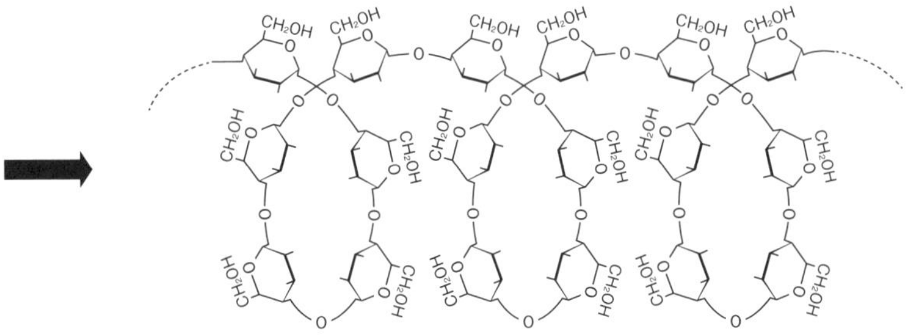

• **アミロペクチン：（1,4 結合＋1,6 結合）**➡「分枝」らせん構造

1,6 結合により，枝分かれをもちます。

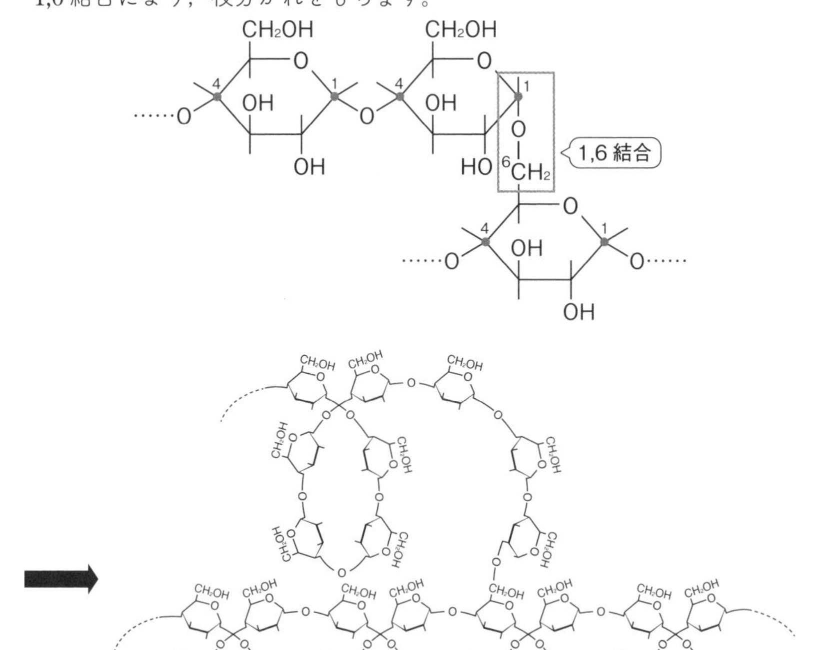

枝分かれがあると，らせんが短くなります。（らせんの長さで色が決まる「ヨウ素デンプン反応」についても，**問2** の解説で確認しておきましょう。）

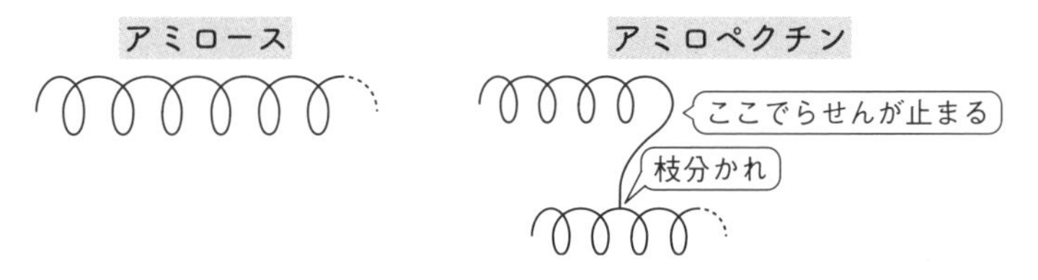

これらのらせん構造は，分子内に形成される［水素］問1 c 結合で保持されています。

✦**重要！** アミロースとアミロペクチンの違い

- **アミロース（1,4 結合のみ）➡ 枝分かれなし！**
- **アミロペクチン（1,4 結合＋1,6 結合）➡ 枝分かれあり！**
  らせんが短い!!

それでは，デンプンとマルトースに関する **問2** を確認しましょう。

> **問2** 次の記述のうち，デンプンとマルトース（麦芽糖）に共通する性質として最も適切なものを①～④の中から１つ選び，その記号を記せ。
> ① ヨウ素溶液（ヨウ素－ヨウ化カリウム水溶液）を加えると，どちらも青紫～青色に呈色する。
> ② 塩化鉄（Ⅲ）水溶液に加えると，どちらも赤紫～青紫色に呈色する。
> ③ どちらの水溶液も銀鏡反応を示す。
> ④ どちらもグリコシド結合をもつ。

① ヨウ素デンプン反応は，α－グルコースの 1,4 結合でできたらせん構造に I_2 分子が取り込まれることで呈色します。

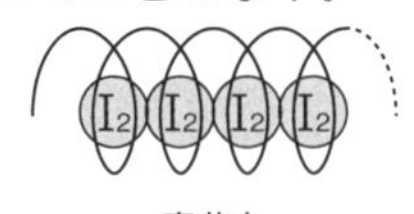

デンプンは，らせん構造に I_2 分子が取り込まれるため，ヨウ素デンプン反応は陽性です。しかし，二糖類のマルトースはらせん構造を形成しないため，I_2 分子は取り込まれず，ヨウ素デンプン反応は陰性です。➡ 不適

ちなみに，らせんの長さとヨウ素デンプン反応の色は以下のようになります。

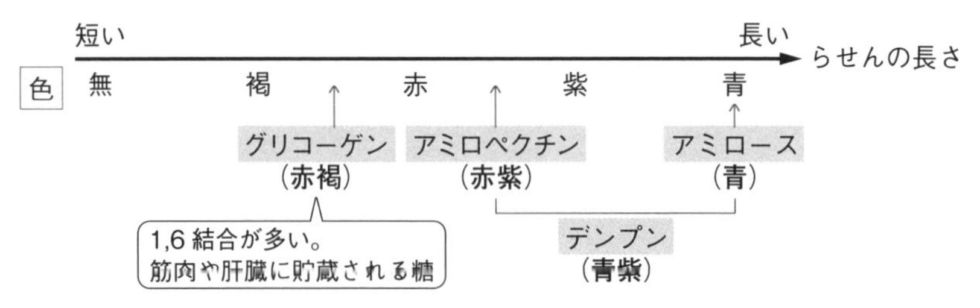

また，加熱するとヨウ素デンプン反応の呈色はなくなりますが，冷却すると元の呈色が見られます。

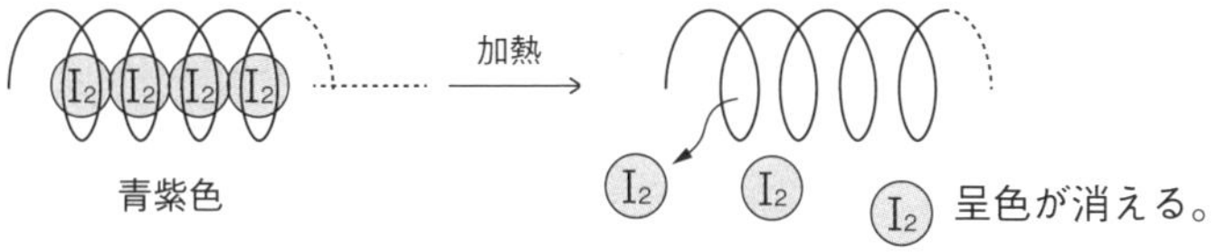

青紫色 加熱 呈色が消える。

② 塩化鉄(Ⅲ)水溶液で赤紫～青紫色に呈色するのはフェノール性ヒドロキシ基をもつ化合物です。デンプンもマルトースも呈色しません。➡ 不適
③ 単糖類や二糖類で以下に示す構造をもつものは，水中で開環し，ホルミル基(アルデヒド基)をもつ鎖状構造に変化するため，還元性を示します。

$$-O-\overset{|}{\underset{\underset{OH}{|}}{C}}- \rightleftarrows -OH + -\underset{\underset{O}{\|}}{C}-$$

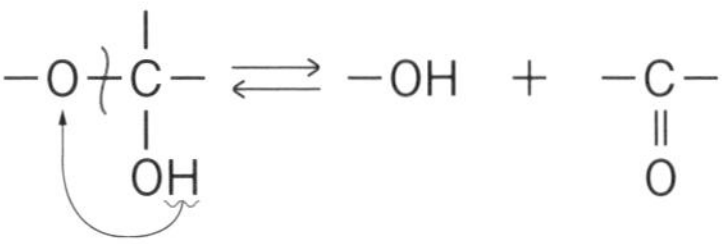

マルトースには該当する構造があるため，還元性を示します。すなわち銀鏡反応は陽性です。

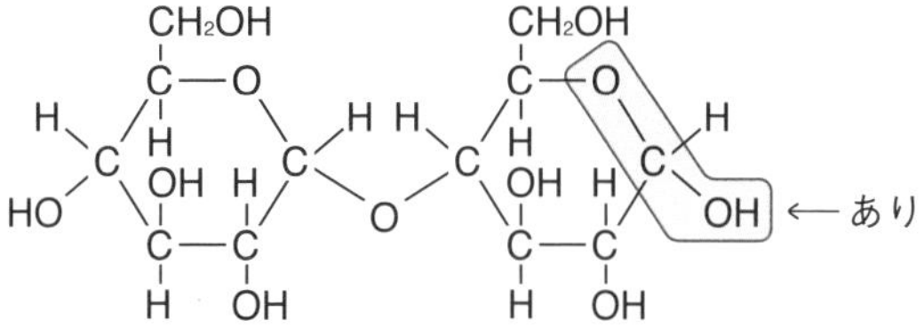

←あり

また，多糖類の右の末端には該当の構造がありますが，それは巨大な分子の右末端のみであり，生じるホルミル基の濃度が小さすぎるため，還元性は示しません。よって，デンプンは銀鏡反応陰性です。➡ 不適
④ 解説の最初で「多糖類は多数のグルコースがグリコシド結合でつながったもの」と確認しました。同様に，二糖類も単糖類 2 つが脱水縮合し，グリコシド結合でつながったものです。よって，デンプンもマルトースもグリコシド結合をもちます。➡ **適切**

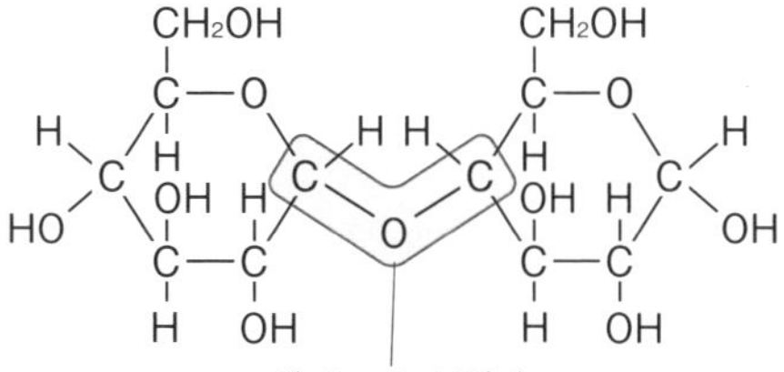

グリコシド結合

以上より，正解は④です。

ここで，上の③で確認した内容に関わる **問5** を確認しましょう。

問5 多糖類を構成しているグルコースは，結晶中で図のような構造をとることが知られているが，これらの構造だけではグルコースが水溶液中で還元性を示すことを説明できない。グルコースの水溶液が還元性を示す理由を60字程度で記せ。

CH_2OH
H　O　H
H
OH　H
OH　OH
H　OH

CH_2OH
H　O　OH
H
OH　H
OH　H
H　OH

α-グルコース　　β-グルコース

与えられたα-グルコースとβ-グルコースを見ると，水中で開環する構造をもっていることがわかります。

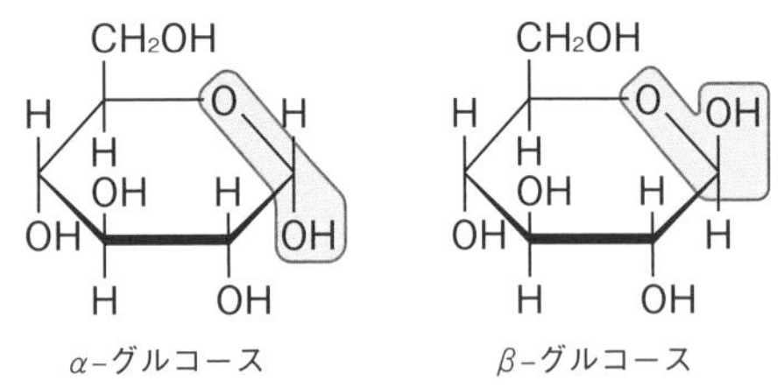

α-グルコース　　β-グルコース

よって，グルコースは水中で以下のような平衡状態になっています。

CH_2OH
H　C—O　H
H
C　OH　H　C
HO　C—C　OH
H　OH

⇌

6 CH_2OH
5 C—OH
H　H
C　OH　H　1 C=O
HO　3 C—2 C　H
H　OH

ホルミル基

⇌

CH_2OH
H　C—O　OH
H
C　OH　H　C
HO　C—C　H
H　OH

α型　　鎖状　　β型

鎖状構造がホルミル基をもつため，グルコースは水溶液中で還元性を示します。以上より，解答例は以下のようになります。

グルコースは水中で，α型・β型以外に，還元性を示すホルミル基をもつ鎖状構造が存在し，平衡状態となっているため。

✦重要！ 糖類の還元性

以下の構造をもつ糖類は水中で開環し，還元性を示す。

$$-O-\underset{OH}{\overset{|}{\underset{|}{C}}}- \rightleftarrows -OH \ + \ -\underset{O}{\underset{\|}{C}}-$$

ただし，多糖類(デンプン・セルロース)は還元性を示さない。

それでは次に，セルロースについて確認しましょう。

● **セルロース**

セルロースは構成単糖が[β] 問1 b–グルコースの多糖類です。直線状の構造なのでヨウ素が取り込まれることがなく，**ヨウ素デンプン反応は陰性**です。

直線状なので分子どうしが接近し，分子間に多数の水素結合を形成します。これにより，非常に強く安定な繊維です。冷水はもちろん，熱水やほとんどの有機溶媒にも溶解しません。

✦重要！ セルロースの構造

- **直線状で分子どうしが水素結合でピッタリ結合!!**
  ➡強くて安定。熱水やほとんどの有機溶媒に溶解しない。

セルロースに関する **問3** と **問4** を確認しましょう。

> **問3** 次の物質のうち，セルロースを原料として工業的に生産されるものとして適切でないものを①～④の中から1つ選び，その記号を記せ。
> ① ビニロン　② セロハン　③ キュプラ
> ④ アセテート繊維

木綿や麻のようにそのまま使用するセルロースもありますが，以下に示す❶・❷のように，化学的に手を加えるものもあります。

❶再生繊維(レーヨン)

木材のように繊維の短いセルロースを，溶媒に溶かし，長い繊維に再生させます。これを再生繊維といいます。再生繊維は長さが変わるだけで，セルロース自体の構造が変化するわけではありません。

セルロース $\xrightarrow{\text{強塩基}}$ 溶液 $\xrightarrow{\text{希酸}}$ 再生繊維

(セルロース：繊維が短い)　(再生繊維：繊維が長い)

再生繊維には次の2つがあります。

- **銅アンモニアレーヨン(キュプラ)**

セルロース $\xrightarrow{\text{シュバイツァー試薬}}$ 溶液 $\xrightarrow{\text{希}H_2SO_4aq}$ 銅アンモニアレーヨン

- **ビスコースレーヨン**

セルロース $\xrightarrow{\text{濃}NaOHaq}$ アルカリセルロース

$\xrightarrow{CS_2}$ セルロースキサントゲン酸ナトリウム $\xrightarrow{\text{希}NaOHaq}$ ビスコース

$\xrightarrow{\text{希}H_2SO_4aq}$ ビスコースレーヨン

ビスコースレーヨンを薄い膜状にしたものが **セロハン** です。

❷半合成繊維

化学反応により，セルロースの－OH基を違う形(極性の小さい形)に変化させ，有機溶媒に溶解させてつくる繊維が半合成繊維です。

アセチル化により－OH基を$-OCOCH_3$基に変化させた**アセチルセルロース**と，硝酸エステル化により－OH基を$-ONO_2$基に変化させた**ニトロセルロース**があります。

アセチルセルロースからつくられている繊維の1つが**アセテート繊維**です。

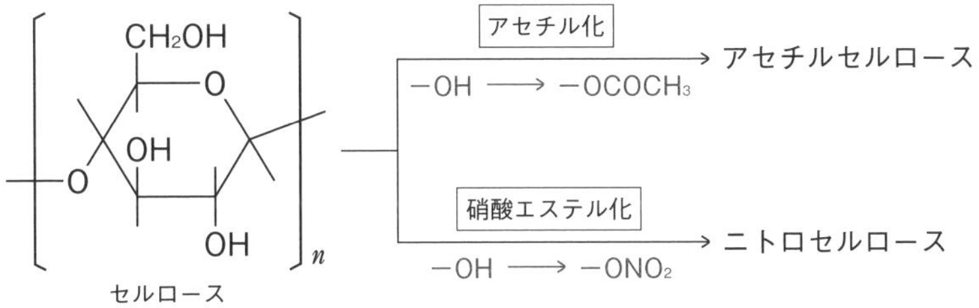

セルロース $[C_6H_7O_2(OH)_3]_n$

アセチル化：$-OH \longrightarrow -OCOCH_3$ → アセチルセルロース

硝酸エステル化：$-OH \longrightarrow -ONO_2$ → ニトロセルロース

以上より，セルロースを原料としていないものは①です（ビニロンに関してはテーマ17 p.150 で確認します）。

> **問4** セルロースに濃硝酸と濃硫酸を加えると，トリニトロセルロース $[C_6H_7O_2(ONO_2)_3]_n$ が得られる。この反応が完全に進行したとき，セルロース 3.24g から得られるトリニトロセルロースは何 g か。計算過程とともに書け。

まず，セルロースは多糖類なので，分子量は $162n$ です。

次に，トリニトロセルロースの分子量（3つの$-OH$基すべてが$-ONO_2$に変化したもの）について考えましょう。

$$\underset{\text{セルロース}}{[C_6H_7O_2(OH)_3]_n} + \underset{\text{硝酸}}{3nHNO_3} \longrightarrow \underset{\text{トリニトロセルロース}}{[C_6H_7O_2(ONO_2)_3]_n} + 3nH_2O$$

まず，1つの$-OH$基が$-ONO_2$基に変化すると，分子量が45増加します。

$$-OH \xrightarrow[+45]{\text{分子量}} -ONO_2$$

そして，トリニトロセルロースは3つの$-OH$基が$-ONO_2$基に変化するので，セルロースの繰り返し単位から分子量が45×3増加することになります。すなわち，分子量は$(162+45\times3)n$です。

官能基が変化しても全体の物質量は変化していないので，トリニトロセルロースの質量をx〔g〕とすると，以下のような式が成立します。

$$\frac{3.24}{162n} = \frac{x}{(162+45\times3)n} \qquad x = \boxed{5.94\text{〔g〕}}$$

✦重要！ 半合成繊維の計算問題

　−OH 基 1 つが反応すると，繰り返し単位の分子量がいくら増加するか考える！

解答

問1 a ⑤　b ⑥　c ③

問2 ④

問3 ①

問4 **5.94〔g〕**

計算過程

　反応前後で物質量は変化しないため，トリニトロセルロースの質量を x〔g〕とすると，以下のような式が成立する。

$$\frac{3.24}{162n}=\frac{x}{(162+45\times3)n}\qquad x=5.94\text{〔g〕}$$

問5 グルコースは水中で，α 型・β 型以外に，還元性を示すホルミル基をもつ鎖状構造が存在し，平衡状態となっているため。（55 字）

本問では扱っていない二糖類についても確認しておきましょう。

✦重要！ 代表的な二糖類

名称	構成単糖	分解酵素	還元性
マルトース	α-グルコース＋グルコース 1,4 結合	マルターゼ	有
スクロース	α-グルコース＋β-フルクトース 1,2 結合	インベルターゼ （スクラーゼ）	無
セロビオース	β-グルコース＋グルコース 1,4 結合	セロビアーゼ	有
ラクトース	β-ガラクトース＋グルコース 1,4 結合	ラクターゼ	有

Theme 12

アミノ酸

▶ 名城大学（薬学部）

［問題は別冊26ページ］

イントロダクション

この問題のチェックポイント

- ☑ 等電点の pH を求めることができるか
- ☑ α-アミノ酸の水中での平衡を書くことができるか
- ☑ 指定された pH におけるアミノ酸の状態を答えることができるか

α-アミノ酸に関する問題です。基礎的な知識から等電点の計算，そして電気泳動まで幅広く問われています。この問題を通じて，アミノ酸の知識を一通り確認し，抜けていた部分をしっかりと押さえておきましょう。

解説

問題文を順に確認していきましょう。

> **α-アミノ酸**
> アミノ酸は，分子内に塩基性を示す［ ア ］基と酸性を示す［ イ ］基をもつ。これらが同一の炭素原子に結合しているものをα-アミノ酸という。生体のタンパク質を構成するα-アミノ酸のうち，［ ウ ］以外は不斉炭素原子をもつので，鏡像異性体(光学異性体)が存在する。

分子内に塩基性の［アミノ］**問1** ア 基$-NH_2$と酸性の［カルボキシ］**問1** イ 基$-COOH$の両方をもつ化合物をアミノ酸といいます。

その中で，タンパク質の構成成分になっているのがα-アミノ酸です。α-アミノ酸の<u>「α」は，アミノ基$-NH_2$の位置</u>を表します。

まず，カルボキシ基$-COOH$が直結するC原子を「α位の炭素」といい，その隣が「β位」，さらに隣が「γ位」です。

$$\cdots\cdots-\overset{\gamma}{C}-\overset{\beta}{C}-\overset{\alpha}{C}-COOH$$

よって，α-アミノ酸とは「α位のC原子に$-NH_2$が結合しているアミノ酸」を意味しています。

$$\cdots\cdots-\overset{\alpha}{C}(-NH_2)-COOH$$

以上より，α-アミノ酸は右図の構造式で表すことができます。

$$R-C^{*}H(NH_2)-COOH$$

Rはアミノ酸の側鎖です。代表的なアミノ酸については，側鎖の特徴を頭に入れていきましょう。

例　チロシン(Tyr) ➡ 側鎖にベンゼン環あり

また，**側鎖がH原子のアミノ酸(グリシン 問2 ウ)以外はα位のC原子が不斉炭素原子**になるため，鏡像異性体が存在します(光学活性)。

✦重要！ 代表的なアミノ酸の特徴

- **グリシン(Gly) ➡ 不斉炭素原子をもたない(光学不活性)**
- **アラニン(Ala) ➡ 特徴をもたない(情報を与えられにくい)**
- **アスパラギン酸(Asp)・グルタミン酸(Glu)**
  ➡ 側鎖に−COOHあり(酸性アミノ酸)
- **リシン(Lys) ➡ 側鎖に$-NH_2$あり(塩基性アミノ酸)**
- **フェニルアラニン(Phe)・チロシン(Tyr) ➡ 側鎖にベンゼン環あり**
- **システイン(Cys)・メチオニン(Met) ➡ 側鎖にS原子あり**

それではウ(グリシン)に関する **問3** を確認してみましょう。

> **問3** ウ(グリシン)の2分子とフェニルアラニンの2分子の合計4分子が縮合して生じる鎖状のペプチドには，[カ]種類の構造異性体が存在する。空欄[カ]に最も適する数値を，答えよ。

4つのアミノ酸からなるペプチド(テトラペプチド)の構造異性体を考えます。ペプチドのN末端($-NH_2$の末端)からC末端(−COOHの末端)に向け，4つのアミノ酸の配列順序が何種類あるかを問われています。

N−[　]−[　]−[　]−[　]−C

4つの並び方なので，4！=24通りありますが，今回は4つのうち，2つずつが同じアミノ酸(グリシン2つ，フェニルアラニン2つ)です。よって，

2×2=4で割って，$\frac{24}{4}=$ **6** 種類となります。

念のため，配列順序を確認しておきましょう。グリシンはG，フェニルアラニンはPと表記します。

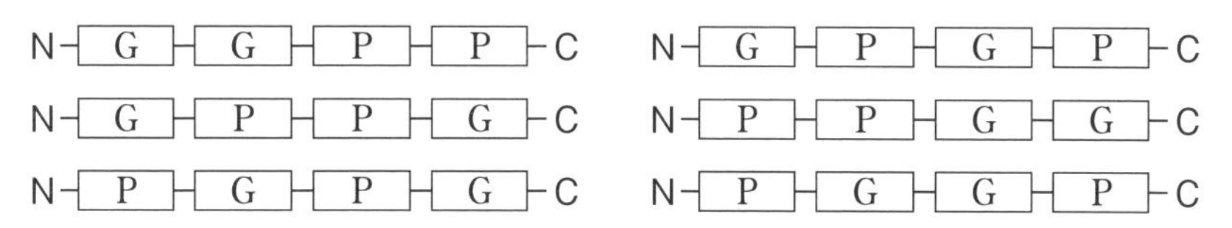

また，本問では問われていませんが「立体異性体を含めると何種類あるか」ということも考えておきましょう。

グリシンには不斉炭素原子がありませんが，フェニルアラニンにはあります。すなわち，フェニルアラニンには左手と右手（L体とD体）の2種類があります。このテトラペプチドにはフェニルアラニンが2分子含まれるので，立体異性体を考慮すると **$6\times2^2=24$** 種類となります。

「**不斉炭素原子の数だけ2をかける**」を徹底しておきましょう。

✦重要！ ペプチドの異性体数

- **立体異性体を考慮しない（構造異性体のみ）とき ➡ 配列順序の数！**
- **立体異性体を考慮するとき**
  ➡ 構造異性体の数に，不斉炭素原子の数だけ2をかける!!

双性イオン

アミノ酸は，結晶中や水中では，[エ]基の水素原子が水素イオンとなって[オ]基へ移動して，正・負の両電荷をもつ双性イオンになることがある。

アミノ酸には酸性のカルボキシ基$-COOH$と塩基性のアミノ基$-NH_2$が共存しているため，分子内で反応（[**カルボキシ**] 問1 エ基から[**アミノ**] 問1 オ基へH^+が移動）し，塩となります。このように同一分子内に正電荷と負電荷をあわせもつイオンを**双性イオン**といいます。

アミノ酸の結晶は双性イオンからなるイオン結晶です。よって，アミノ酸の結晶は，以下のような性質をもちます。

- **水溶性**
- **一般的な有機化合物（分子結晶）より融点が高い。**

アミノ酸の水中での平衡

水溶液のpHを変化させると，陽イオン，双性イオン，陰イオンの割合が変化する。特定のpHになると，分子全体としての電荷が0となることがある。このpHを，そのアミノ酸の等電点という。

アミノ酸分子中に存在するカルボキシ基$-COOH$とアミノ基$-NH_2$は，それぞれ弱酸，弱塩基であるため水中で電離平衡の状態になります。

電離平衡を書くときのポイントは「**双性イオンから左右に広げていく**」ことです。双性イオンは，基本的にα位の$-COOH$から$-NH_2$にH^+を移動させたものです。側鎖さえ与えられれば(知っていれば)作ることができます。この双性イオンを最初に書きましょう。

例　グリシン(Gly)：側鎖がH原子

$$? \xleftarrow[❶]{H^+} H-\underset{\underset{NH_3^+}{|}}{\overset{\overset{H}{|}}{C}}-COO^- \xrightarrow[❷]{OH^-} ?$$

pH →

それでは，双性イオンから左右(❶・❷)に広げて平衡を作っていきましょう。

❶酸を加えてpHを小さくする。

➡ **弱酸遊離反応**により$-COOH$が遊離する。

$$-COO^- + H^+ \longrightarrow -COOH$$

❷塩基を加えてpHを大きくする。

➡ **弱塩基遊離反応**により$-NH_2$が遊離する。

$$-NH_3^+ + OH^- \longrightarrow -NH_2 + H_2O$$

以上より，以下のように平衡状態を書くことができます。

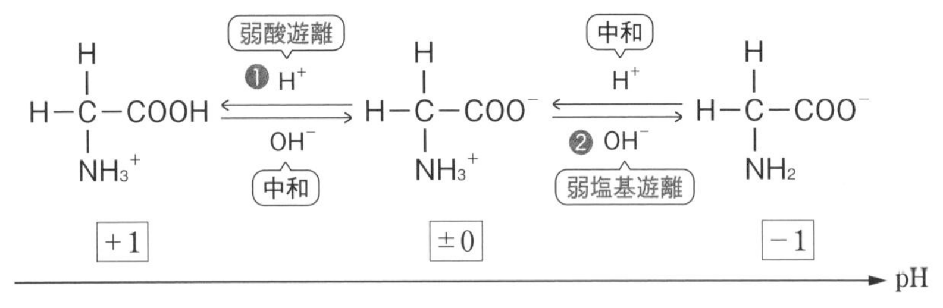

それでは，下線部に関する **問4** を確認してみましょう。

問4

(1) 水溶液中でアラニンは，pHの小さい方から大きい方へ，A，B，Cの3種類のイオンで存在する。A，B，Cの構造式を，記入例にあるアラニンの構造式にならってそれぞれ書け。

（記入例） アラニンの構造式

$$\begin{array}{c} CH_3-CH-COOH \\ \quad | \\ \quad NH_2 \end{array}$$

A　B　C
←――――→
小　pH　大

先ほどのグリシン同様，双性イオンを真ん中に書き，左右に広げて作ってみましょう。

❶酸を加えてpHを小さくする。

➡ 弱酸遊離反応により $-COOH$ が遊離する。

$$-COO^- + H^+ \longrightarrow -COOH$$

❷塩基を加えてpHを大きくする。

➡ 弱塩基遊離反応により $-NH_2$ が遊離する。

$$-NH_3^+ + OH^- \longrightarrow -NH_2 + H_2O$$

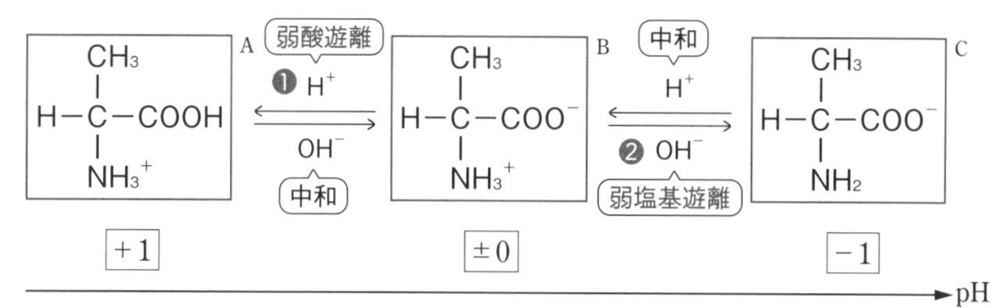

✦**重要！ アミノ酸の水中での平衡を書くとき**

- **双性イオンを真ん中に書いて，左右に広げる！**
- **弱酸遊離反応，弱塩基遊離反応!!**

問4

(2) アラニンの3種類のイオンA，B，Cの間には，式①，②の電離平衡が成立する。①の平衡定数をK_1，②の平衡定数をK_2とすると，次のように示される。

$$\mathrm{A} \rightleftarrows \mathrm{B} + \mathrm{H^+} \quad \cdots\cdots①$$

$$\mathrm{B} \rightleftarrows \mathrm{C} + \mathrm{H^+} \quad \cdots\cdots②$$

$$K_1 = \frac{[\mathrm{B}][\mathrm{H^+}]}{[\mathrm{A}]} \qquad K_2 = \frac{[\mathrm{C}][\mathrm{H^+}]}{[\mathrm{B}]}$$

$K_1 = 1.0 \times 10^{-2.3}$ mol/L，$K_2 = 1.0 \times 10^{-9.7}$ mol/Lのとき，等電点は［ キ ］.［ ク ］となる。

空欄［ キ ］と［ ク ］に最も適する数値を，それぞれ答えよ。

等電点とは，アミノ酸の電荷が0になるpHです。電荷が0になるためには，**「陽イオンの正電荷」と「陰イオンの負電荷」が等しくなる**必要があります。すなわち，本問では陽イオンのAと陰イオンのCのモル濃度が等しい（[A]＝[C]）のです。

それでは，与えられたK_1とK_2の式をかけあわせてみましょう。

$$K_1 \times K_2 = \frac{[\mathrm{B}][\mathrm{H^+}]}{[\mathrm{A}]} \times \frac{[\mathrm{C}][\mathrm{H^+}]}{[\mathrm{B}]}$$

まず，[B] が分母と分子にあるので約分できます。そして，等電点では[A]＝[C] なので，[A] と [C] も約分すると，$K_1 \times K_2$は次のような式になります。

$$K_1 \times K_2 = [\mathrm{H^+}]^2$$

以上より，等電点の [$\mathrm{H^+}$] は次のように求めることができます。

$$[\mathrm{H^+}] = \sqrt{K_1 \cdot K_2}$$

この公式に与えられた電離定数を代入し，計算してみましょう。

$$[\mathrm{H^+}] = \sqrt{K_1 \cdot K_2} = \sqrt{(1.0 \times 10^{-2.3}) \times (1.0 \times 10^{-9.7})} = 1.0 \times 10^{-6.0}$$

以上より，等電点のpHは6.0（**6**キ.**0**ク）です。

✦重要！ 等電点

- **アミノ酸の電荷が0になるpHが等電点**
- **「陽イオンの正電荷」＝「陰イオンの負電荷」が成立！**
- **水素イオンのモル濃度は，[$\mathrm{H^+}$]＝$\sqrt{K_1 \cdot K_2}$**

アミノ酸の電気泳動
　アミノ酸の混合水溶液に適当な pH で直流の電圧をかけ，電気泳動を行うと，それぞれのアミノ酸を分離することができる。

　アミノ酸の分離方法の１つに電気泳動があります。これは，アミノ酸が「等電点より小さい pH では正に帯電」，「等電点では電荷 0」，「等電点より大きい pH では負に帯電」することを利用しています。

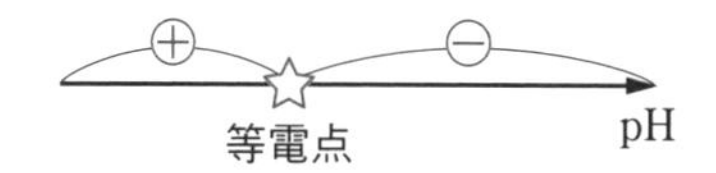

　次の例で確認してみましょう。
例　グルタミン酸(等電点 pH＝3.2)，リシン(等電点 pH＝9.7)，アラニン(等電点 pH＝6.0)の混合水溶液を，pH＝6 で電気泳動を行った。
　➡下図のように，pH＝6 では，グルタミン酸は負，リシンは正，アラニンは電荷 0 です。

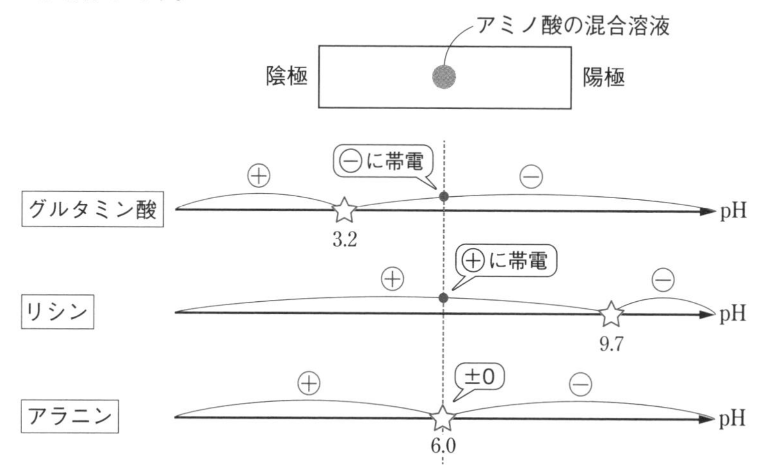

　以上より，次のページのような結果になります。

- グルタミン酸（負に帯電）➡ **陽極側へ移動**
- リシン（正に帯電）➡ **陰極側へ移動**
- アラニン（電荷なし）➡ **移動しない**

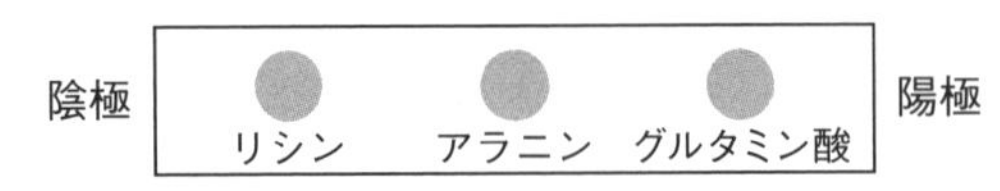

ろ紙に**ニンヒドリン溶液**を噴霧し，加温すると呈色するので検出できます。

✦**重要!** アミノ酸の電荷

アミノ酸は，等電点より小さい pH では正に帯電，大きい pH では負に帯電。

それでは **問5** を確認してみましょう。

問5 グルタミン酸（等電点 pH＝3.2），リシン（等電点 pH＝9.7），アラニン（等電点 pH＝6.3）の 3 種混合水溶液を pH7.0 の緩衝液で湿らせたろ紙の中央に，右図のように塗布した後，電気泳動を行った。それぞれのアミノ酸はどのように移動するか。
最も適するものを，図の①～⑦から選べ。

陰極側　陽極側
3 種混合水溶液を塗布

① 陰極側　Ⓖ　Ⓐ　Ⓛ　陽極側

② 陰極側　Ⓛ　Ⓐ　Ⓖ　陽極側

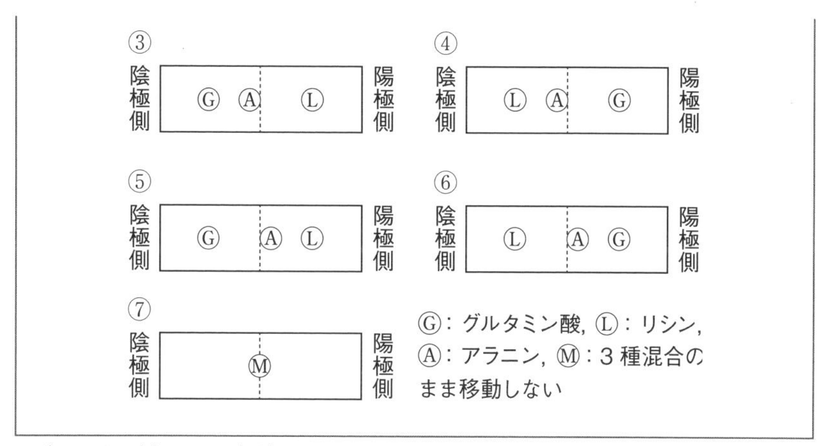

先ほどの例とは，実験を行ったpHが異なっています。下図より，pH7.0ではアラニンがわずかに負に帯電していることがわかります。

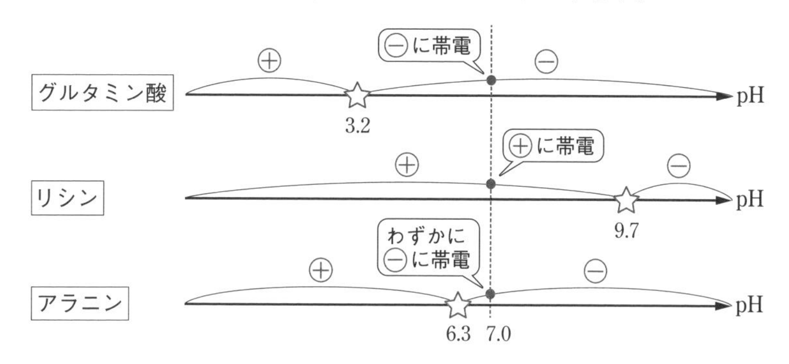

以上より，

- グルタミン酸（負に帯電）➡ 陽極側へ移動
- リシン（正に帯電）➡ 陰極側へ移動
- アラニン（わずかに負に帯電）➡ わずかに陽極側へ移動

となるため，適切な選択肢は⑥です。

ここで，電気泳動と同じように等電点の違いを利用したアミノ酸の分離法を，もう1つ確認しておきましょう。

✦重要！陽イオン交換樹脂を使った実験

アミノ酸の混合水溶液を酸性水溶液にし，陽イオン交換樹脂に通じる。その後，緩衝液を流し込んで **pH** を徐々に大きくしていくと，等電点に達したアミノ酸から順に流出する。

例　グルタミン酸(**Glu**：等電点 **pH＝3.2**)，リシン(**Lys**：等電点 **pH＝9.7**)，グリシン(**Gly**：等電点 **pH＝6.0**)の混合溶液を **pH＝2.0** の酸性水溶液にし，陽イオン交換膜に通じる。その後，緩衝液を流し，**pH** を徐々に大きくする。

【結果】等電点の小さい順(グルタミン酸→グリシン→リシン)に流出。

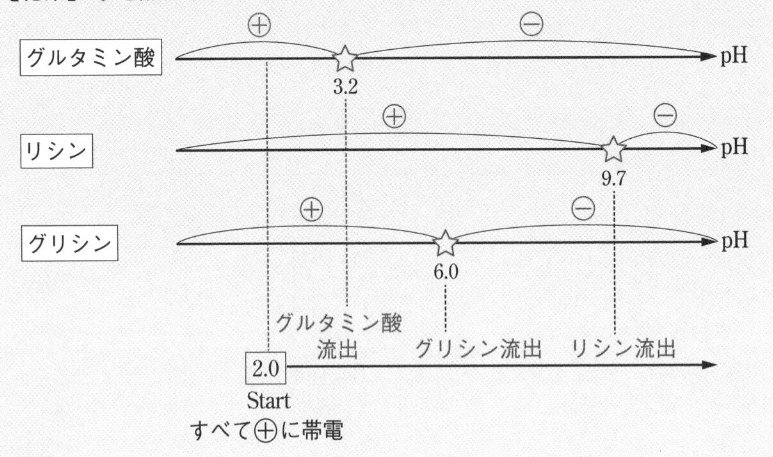

解答

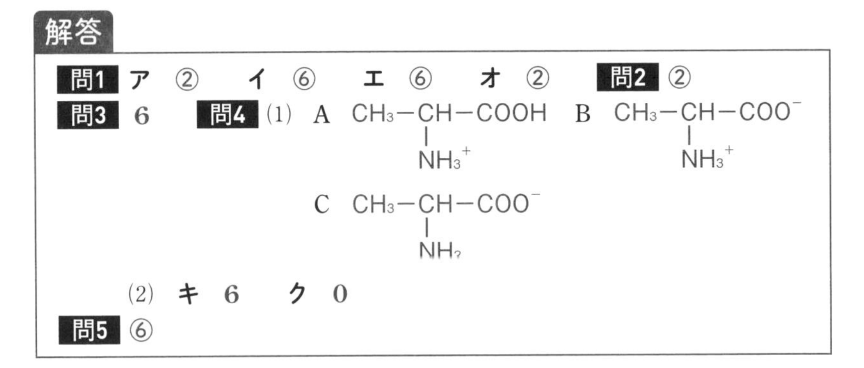

問1 ア ②　イ ⑥　エ ⑥　オ ②　**問2** ②

問3 6　**問4** (1) A $CH_3-CH(NH_3^+)-COOH$　B $CH_3-CH(NH_3^+)-COO^-$

C $CH_3-CH(NH_2)-COO^-$

(2) キ 6　ク 0

問5 ⑥

タンパク質・ペプチド

▶ 早稲田大学（教育学部）

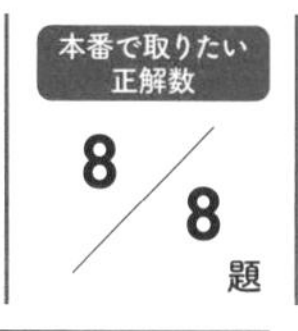

［問題は別冊30ページ］

イントロダクション

この問題のチェックポイント

- ☑タンパク質の構造に関する知識があるか
- ☑タンパク質の検出反応が頭に入っているか
- ☑代表的なアミノ酸が頭に入っているか

タンパク質・ペプチドに関する問題です。このテーマで出題されやすい「タンパク質の構造」「検出法」に関して問われているため，この問題を通じてしっかりと復習しておきましょう。

解説

問題文に従い，順に確認していきましょう。

タンパク質を構成するアミノ酸

タンパク質を構成するアミノ酸は，アミノ基とカルボキシ基が同一の炭素原子に結合したα-アミノ酸であり，主要なものは20種類である。20種類のアミノ酸のうち，グリシン以外は不斉炭素原子をもつため鏡像異性体が存在するが，タンパク質を構成するアミノ酸は［　ア　］体である。

タンパク質を構成しているアミノ酸は**約20種類**のα-アミノ酸です。側鎖がH原子のグリシン以外は不斉炭素原子をもつため，鏡像異性体が存在します（アミノ酸➡ テーマ12 の p.110）。

$$\begin{array}{c} \mathrm{H} \\ | \\ \mathrm{R-C^{*}-COOH} \\ | \\ \mathrm{NH_2} \end{array}$$

しかし，タンパク質を構成するアミノ酸は基本的に［L］問1 ア体です。（鏡像体の一方のL体のみで構成されていることは，きちんと押さえておきましょう。L体についての詳細は 問2 の解説で行います。）

アミノ酸の分類と検出法

アミノ酸はその等電点から，酸性アミノ酸，中性アミノ酸，塩基性アミノ酸に分類できる。例えば$_a$アラニンは中性アミノ酸である。$_b$アミノ酸を等電点よりも小さいpHのもとでろ紙で電気泳動を行うと，陰極側に移動する。ろ紙上のアミノ酸は，ニンヒドリン溶液を噴霧し，加熱によって［ イ ］基を発色させて検出することができる。

側鎖に－COOHをもつアミノ酸を「酸性アミノ酸」，$-NH_2$をもつアミノ酸を「塩基性アミノ酸」，どちらももたないアミノ酸を「中性アミノ酸」といいます。これらは等電点(アミノ酸の電荷が0になる点)のpHが異なります。

アミノ酸	等電点	例
酸性アミノ酸	pH<7	アスパラギン酸(Asp)
塩基性アミノ酸	pH>7	リシン(Lys)
中性アミノ酸	pH≒7	アラニン(Ala)

また，アミノ酸は，等電点より小さいpHでは正に帯電，等電点より大きいpHでは負に帯電します。

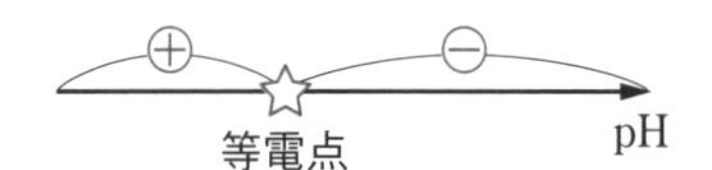

よって，等電点よりも小さいpHで電気泳動を行うと，アミノ酸は正に帯電しているので陰極に引かれて移動します。

アミノ酸が移動したことは，ニンヒドリン溶液を噴霧して赤紫～青紫色に呈色することで確認できます。これがニンヒドリン反応です。［アミノ］問1 イ 基$-NH_2$が原因の反応なので，ペプチドでも呈色します。

✦重要！ アミノ酸の電荷

- **等電点よりも小さいpH ➡ 正**
- **等電点よりも大きいpH ➡ 負**
- **等電点 ➡ 電荷をもたない。**

それでは，下線部a，bに関する **問2** と **問3** を確認しましょう。

問2 下線部**a**に関して，タンパク質中に含まれるアラニンの構造を下から選べ。

① H／C／H，NH_2，COOH

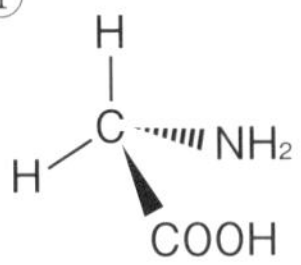

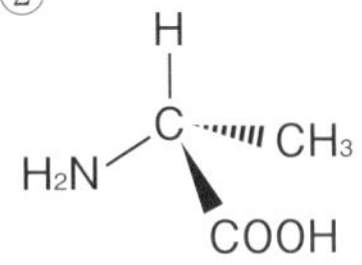

② H／C／H_2N，CH_3，COOH

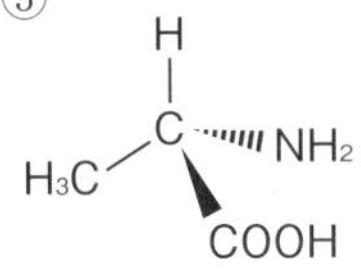

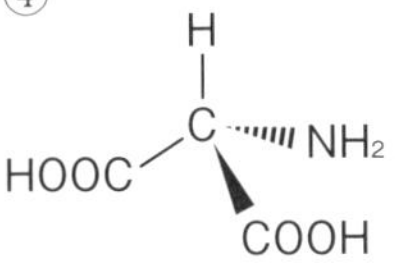

③ H／C／H_3C，NH_2，COOH

④ H／C／HOOC，NH_2，COOH

⑤ H／C／H_2N，NH_2，COOH

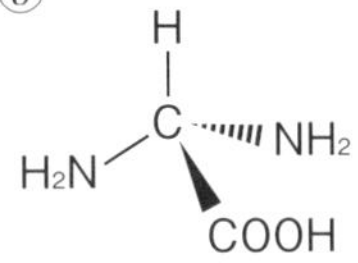

先述のとおり，タンパク質を構成するアミノ酸はL体です。L体の判断法を確認しましょう。ゆっくりと読み進めてください。

まず，アミノ酸の不斉炭素原子に結合している原子または原子団に番号をふります。順番は，不斉炭素原子に直結している原子の原子番号の大きい順に1，2，3，4番です。

原子番号が同じときには，1つ隣の原子で比較します。

例 アラニン(Ala)

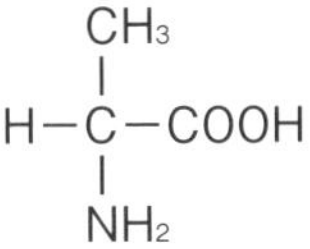

CH_3
H−C−COOH
NH_2

原子番号が大きい順

$-NH_2 > -COOH > -CH_3 > -H$

原子番号 7　　6 8　　6 1　　1

以上より，$-NH_2$が1番，−COOHが2番，$-CH_3$が3番，−Hが4番です。

L体とは，アミノ酸のH原子(4番)を正四面体の奥に移動させたとき，残りの官能基の番号の順番が**反時計回り**になるものです。

例 L体のアラニン(Ala)

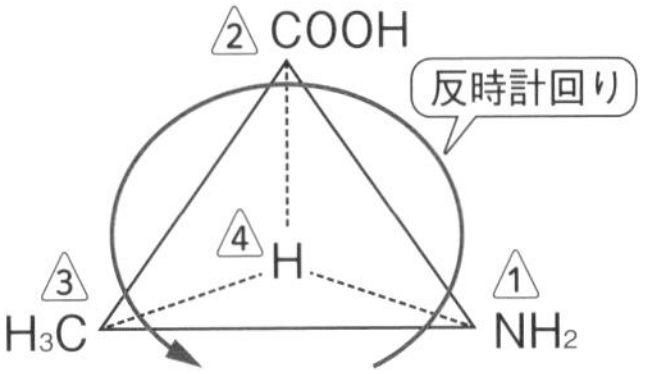

このアラニンと同じものを選択肢①～⑤の中から探してみましょう。①，④，⑤はそもそもアラニンではありません。②と③がアラニンです。これらはH原子が正四面体の頂点にあるので，奥に倒して確認し，前ページのL体のアラニンと同じになるものを探します。すると，③が同じだとわかります。

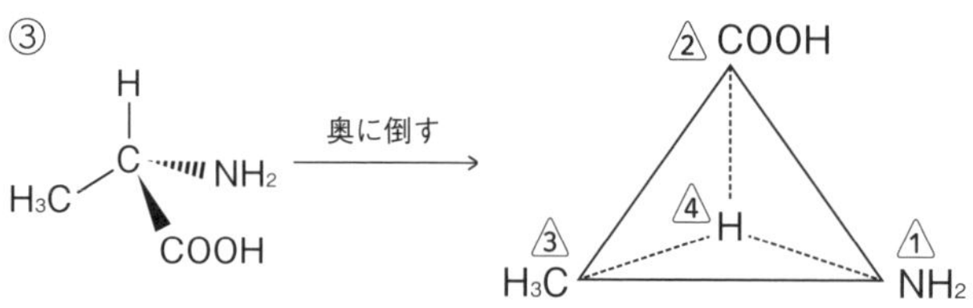

✦**重要！** タンパク質を構成するアミノ酸

• **約20種類のα-アミノ酸！　すべてL体!!**

問3 下線部bに関して，以下はアラニン，リシン，グルタミン酸の等電点を小さいものから順に並べたものである。正しいものを選べ。

①	アラニン	リシン	グルタミン酸
②	アラニン	グルタミン酸	リシン
③	リシン	グルタミン酸	アラニン
④	リシン	アラニン	グルタミン酸
⑤	グルタミン酸	アラニン	リシン
⑥	グルタミン酸	リシン	アラニン

与えられた3つのアミノ酸（アラニン・リシン・グルタミン酸）は代表的なものです。くり返しますが，側鎖を正確に書けなくてもよいので，特徴は答えられるようになっておきましょう。

アラニン（Ala）➡ 特徴なし（中性アミノ酸　等電点 pH≒7）

リシン（Lys）➡ 側鎖に$-NH_2$あり（塩基性アミノ酸　等電点 pH＞7）

グルタミン酸（Glu）➡ 側鎖に$-COOH$あり（酸性アミノ酸　等電点 pH＜7）

以上より，正解は「グルタミン酸，アラニン，リシン」の⑤です。

> **タンパク質の構造**
> タンパク質の構造としては，一次構造，二次構造，三次構造，四次構造がある。二次構造としては，らせん状に巻いた α-ヘリックス構造とジグザク状に折れ曲がった［　ウ　］構造があり，主に水素結合により形成される。

タンパク質の構造は複雑なので，一次構造から四次構造に分けてとらえます。特に重要な一次構造から三次構造を確認しましょう。

● **一次構造**：**アミノ酸の配列順序**

一次構造は**ペプチド結合**でつくられています。配列順序はDNAの遺伝情報で決まっています。

例　N－Gly－Lys－Ala－………－Phe－C

● **二次構造**：**規則的な立体構造**

二次構造はペプチド結合間にできる**水素結合**で保持されています。らせん状の α-ヘリックス構造とジグザク状に折れ曲がった（シート状）の［β-シート］問1 ウ構造があります。

• **α-ヘリックス構造**（分子内水素結合）

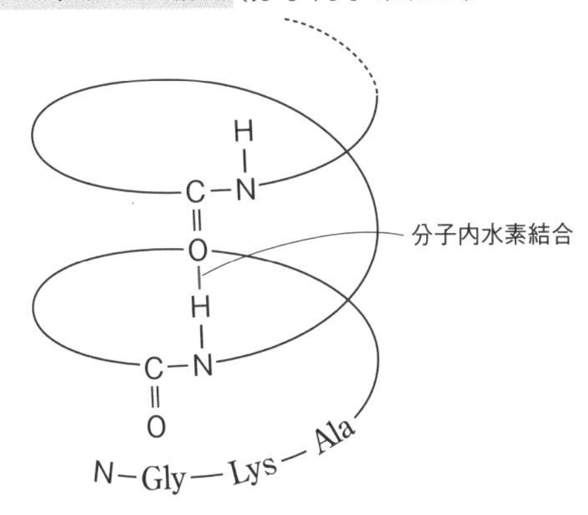

• **β-シート構造**（分子間水素結合）

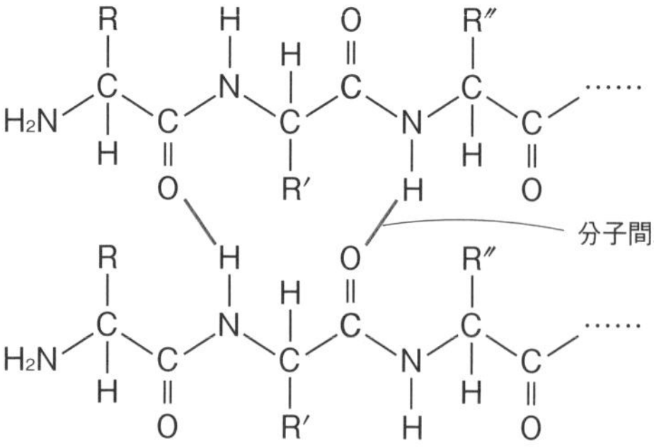

$$H_2N-CH(R)-CO-NH-CH(R')-CO-NH-CH(R'')-CO\cdots\cdots$$

分子間水素結合

$$H_2N-CH(R)-CO-NH-CH(R')-CO-NH-CH(R'')-CO\cdots\cdots$$

● **三次構造**：不規則な立体構造

三次構造はアミノ酸の**側鎖間にできるすべての結合**で保持されています。

例　• 酸性アミノ酸と塩基性アミノ酸の側鎖間 ➡ イオン結合

側鎖の　側鎖の

$$-COOH \quad H_2N- \longrightarrow -COO^- \cdots\cdots H_3{}^+N-$$

イオン結合

• システイン 問5 の側鎖間 ➡ **ジスルフィド結合**

$$-CH_2-SH\ HS-CH_2- \longrightarrow -CH_2-S-S-CH_2-$$

システインの側鎖　　ジスルフィド結合

✦重要！ タンパク質の構造と結合

• **一次構造**：**アミノ酸の配列順序！　ペプチド結合**!!
• **二次構造**：規則的な立体構造！　**水素結合**!!
• **三次構造**：不規則な立体構造！　側鎖間の結合全部!!

また，タンパク質を加熱したり，酸や塩基を加えたり，重金属イオンや，アルコールを加えると立体構造が変化して凝固したり，沈殿したりします。これを**タンパク質の変性**といいますが，これは二次構造や三次構造が壊れたり変化したりすることです。

一次構造が壊れることは加水分解であるため，きちんと区別しておきましょう。

✦**重要!** タンパク質の変性

- **熱，酸・塩基，重金属イオン，アルコールなどで凝固**
  ➡ **立体構造(二次構造や三次構造)の変化が原因**

加水分解(一次構造が壊れること)と区別する!!

タンパク質の検出法

タンパク質の水溶液に水酸化ナトリウムと硫酸銅(Ⅱ)水溶液を加えると赤紫色となる。このビウレット反応は，[エ]ペプチド以上の長さの分子でみられる。

c ベンゼン環をもつアミノ酸を含むタンパク質水溶液に濃硝酸を加えて加熱し，さらにアンモニア水を加えると橙黄色になる。この反応をキサントプロテイン反応という。d 硫黄をもつアミノ酸を含むタンパク質の水溶液に水酸化ナトリウムを加えて加熱し，さらに酢酸鉛(Ⅱ)水溶液を加えると黒色の沈殿が生じる。

重要なタンパク質の検出法です。何が原因で陽性になり，どんな変化が見られるか答えられるようになりましょう。

● **ビウレット反応**
- **反応**：水酸化ナトリウムと硫酸銅(Ⅱ)水溶液を加えると赤紫色に呈色する。
- **陽性の条件**：[トリ] 問1 エ ペプチド以上のペプチド。
  ※ジペプチドでは陰性なので，「陰性」も重要な情報です(**陰性ときたらジペプチド**！)。

● **キサントプロテイン反応**
- **反応**：濃硝酸を加えて加熱すると黄色，そのあと，塩基性にすると橙黄色に変化する。
- **陽性の条件**：側鎖にベンゼン環をもつアミノ酸([**フェニルアラニン**] 問4，[**チロシン**] 問4 など)から構成されている。

● **硫黄原子を検出する反応**
- **反応**：水酸化ナトリウム水溶液を加えて加熱したあと，酢酸鉛(Ⅱ)水溶液を加えると PbS の黒色沈殿が生成する。
- **陽性の条件**：側鎖に S 原子をもつアミノ酸(システインなど)から構成されている。

✦重要！ タンパク質の検出法

● **ビウレット反応**

- **試薬**：NaOH aq，$CuSO_4$ aq
- **見られる変化**：赤紫色に呈色する。
- **条件**：トリペプチド以上のペプチド

● **キサントプロテイン反応**

- **試薬**：濃硝酸，NH_3 aq などの塩基
- **見られる変化**：濃硝酸で黄色に，塩基性にすると橙黄色に呈色する。
- **条件**：ベンゼン環をもつアミノ酸を含む。

● **硫黄原子を検出する反応**

- **試薬**：NaOH aq，$(CH_3COO)_2Pb$ aq
- **見られる変化**：PbS の黒色沈殿が生成する。
- **条件**：S 原子をもつアミノ酸を含む。

解答

問1 **ア** L　**イ** アミノ　**ウ** β-シート　**エ** トリ

問2 ③

問3 ⑤

問4 フェニルアラニン，チロシン

問5 システイン

Theme 14

酵　素

▶ 神戸大学

[問題は別冊32ページ]

イントロダクション

この問題のチェックポイント

- ☑酵素に関する知識が頭に入っているか
- ☑酵素と反応速度の関係が理解できているか
- ☑代表的な酵素と基質が頭に入っているか

酵素に関する総合問題です。正しい知識が頭に入っているか，本問を通じて確認しましょう。

解 説

(A) 問題文を順に確認していきましょう。

> **酵素と基質**
>
> 酵素は生体内の化学反応に対して触媒作用を示す。酵素が作用する物質を［ア］という。酵素は，［ア］と立体的に結合して反応を起こす［イ］とよばれる特定の分子構造をもつ。また，(a)酵素はそれぞれ決まった［ア］にしか作用しない。この性質を，酵素の［ウ］という。

生体内で触媒として作用するタンパク質を**酵素**といいます。酵素には反応を起こす特定の構造があり，**活性部位(または活性中心)** 問1 イといいます。酵素は，活性部位にあてはまる構造をもつ特定の相手(**基質** 問1 ア)にしか作用しません。これを，**基質特異性** 問1 ウといいます。

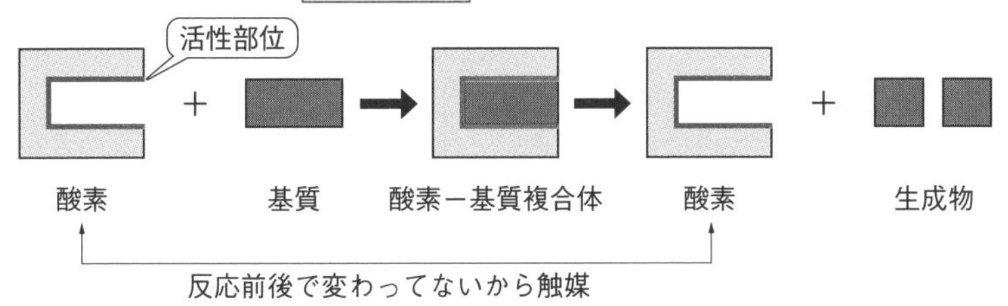

以下にまとめた酵素と基質の組み合わせは，頭に入れておきましょう。油脂の分解酵素 **リパーゼ** 問2 は本問でも問われています。

✦重要！ 知っておきたい酵素と基質の組み合わせ

酵素	基質	酵素	基質
アミラーゼ	デンプン	セルラーゼ	セルロース
マルターゼ	マルトース	トリプシン	タンパク質
スクラーゼ（インベルターゼ）	スクロース	ペプシン	タンパク質
		リパーゼ 問2	油脂
ラクターゼ	ラクトース	チマーゼ	グルコース
セロビアーゼ	セロビオース		

また，酵素によっては**補因子**とよばれる分子や金属イオンがないと活性部位が完成されないものもあります。補因子としてはたらく分子を補酵素(コエンザイム)，金属イオンをミネラルといいます。

酵素と反応速度

一般の化学反応では，温度が高くなるほど反応速度は大きくなる。一方，酵素反応では，(b)ある温度を超えると反応速度は急激に低下する。酵素が最もよくはたらく温度を［ エ ］といい，これより高温になると多くの酵素は触媒作用を示さなくなる。このように，酵素の触媒作用がなくなる現象を，酵素の［ オ ］という。

酵素反応の反応速度に影響を与える因子の1つが「温度」です。通常の化学反応では温度が高いほど反応速度が大きくなりますが，酵素はタンパク質なので，温度が高すぎると変性により **失活** 問1 オ します。

温度と酵素反応の反応速度は右のようなグラフになります。

最適温度より低い温度：
通常の化学反応どおり，温度が高くなるにつれて反応速度が大きくなる。

最適温度より高い温度：
タンパク質の変性により失活する。

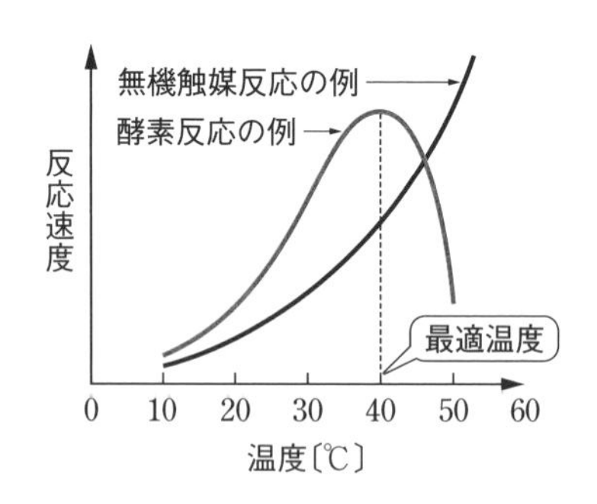

以上より，酵素は体温付近(40℃)付近で最も活性になります。この温度を**最適温度** 問1 エといいます。

✦重要！ 酵素の最適温度

体温付近の40℃前後!!

温度以外には，**pH** 問3 も酵素反応の反応速度に影響を及ぼします。

酵素はタンパク質なので，酸や塩基を加えると変性により失活します。すなわち，あるpHより酸性にしても，塩基性にしても反応速度が小さくなるのです。

よって，下のグラフのように反応速度が最大になるpHが存在し，これを**最適pH**といいます。最適pHは中性付近のものが多いですが，酵素によって異なります。

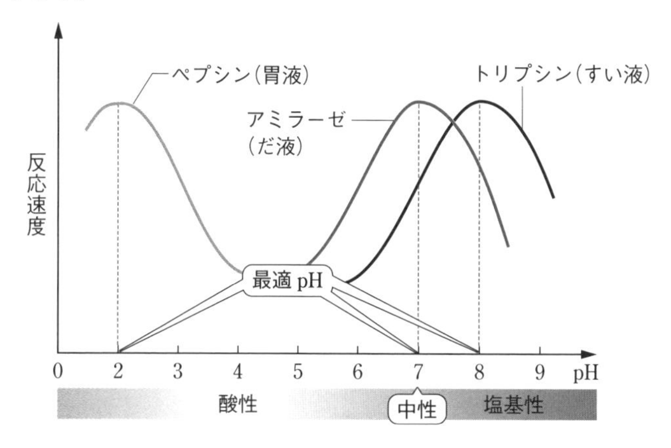

✦重要！ 酵素の最適pH

ほとんどが中性付近！　胃液に含まれるペプシンは強酸性!!

本問では問われていませんが，基質の濃度と反応速度の関係も確認しておきましょう。

✦重要！ 基質の濃度と反応速度の関係

基質の濃度と反応速度の関係は以下のグラフのようになります。

- **基質の濃度が小さいとき**
  基質の濃度の増加にともない，反応速度も増加する。
- **基質の濃度が大きいとき**
  酵素の量が不足し，生成する複合体の量がそれ以上増加しないため，反応速度は一定値になる。

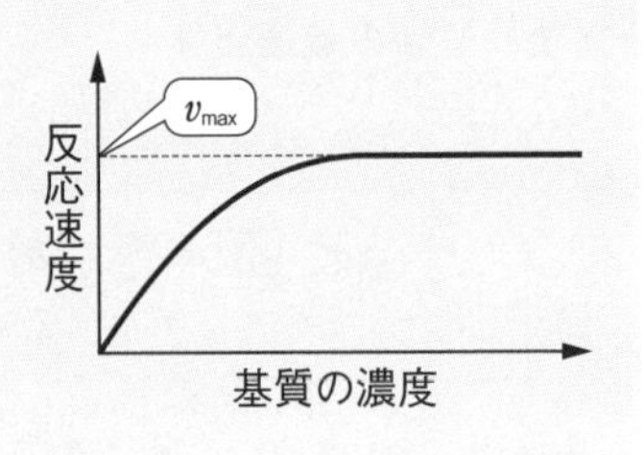

(B) 問題文を確認しましょう。

> **デンプンの加水分解**
> (c)デンプンに酵素を作用させて加水分解を行い，グルコースを得た。後日，同じ手順で実験を行ったところ，デンプンがまったく分解されず，グルコースはいっさい検出されなかった。この原因の1つとして，デンプンを分解させるために用いた酵素の中に，(d)異なる酵素Xが混入していたことが考えられる。

この実験では，デンプンに酵素を作用させて加水分解を行い，最終的にグルコースを得ているので，酵素アミラーゼで多糖類のデンプンが二糖類のマルトースに変化し，さらに酵素マルターゼを作用させてマルトースが単糖類のグルコースに変化したとわかります。

それでは，下線部(c)に関する **問4** を確認しましょう。

> **問4** 下線部(c)について，45 g のデンプンを完全に加水分解すると何 g のグルコースが得られるか答えよ。

デンプンは多糖類なので，分子式は$(C_6H_{10}O_5)_n$，分子量は 162 n です(➡ テーマ11 糖類の p.100)。そして，1個のデンプンを加水分解すると n 個のグルコース $C_6H_{12}O_6$(分子量 180)に変化します。

$$\underset{\text{分子量 } 162n}{1\,(C_6H_{10}O_5)_n} \longrightarrow \underset{\text{分子量 } 180}{n\,C_6H_{12}O_6}$$

よって，45 g のデンプンから得られるグルコースを x〔g〕とすると次の式が成立します。

$$\frac{45}{162\,n} \times n = \frac{x}{180} \qquad x = \boxed{50\,〔g〕}$$

次に，下線部(d)に関する **問5** を確認しましょう。

問5

(1)　酵素Xの酵素名を1つ答えよ。

(2)　デンプンが分解されなくなった理由を30字以内で答えよ。

下線部(c)と同じ実験を，後日，同じ手順で行ったところ，デンプンがまったく分解されず，その原因として，デンプンの分解酵素(アミラーゼ)の中に，異なる酵素Xが混入していたとあります。

デンプンがまったく分解されなかったことから，加えたアミラーゼは，酵素Xにより違うものに変化したと考えられます。アミラーゼは酵素，そして，酵素はタンパク質なので，酵素Xはタンパク質の分解酵素と考えることができます。

タンパク質の分解酵素にはペプシンとトリプシンがあります。それぞれの最適pHはペプシンが強酸性，トリプシンが中性付近です。

初回の実験はアミラーゼの最適pHである中性付近で行ったと考えられ，後日の実験に関して「同じ手順で行った」とあるため，混入していた酵素Xは**トリプシン**(1)と考えられます。

また，(2)の解答例は，**デンプンの加水分解酵素が酵素Xによって加水分解されたため。**(2)となります。

解答

問1　ア　基質　　イ　活性部位(活性中心)
　　ウ　基質特異性　　エ　最適温度　　オ　失活

問2　リパーゼ

問3　pH

問4　50〔g〕

問5　(1)　トリプシン
　　(2)　デンプンの加水分解酵素が酵素Xによって加水分解されたため。(29字)

核　酸

▶ 神戸薬科大学

［問題は別冊34ページ］

イントロダクション

この問題のチェックポイント

☑ 核酸に関する知識があるか
☑ 水素結合が形成される場所が判断できるか

核酸に関する問題です。本問を通じて，DNA や RNA に関する知識をしっかりと確認していきましょう。また，水素結合が形成される場所は，核酸に限らず判断できなくてはいけません。水素結合に関してもしっかりと向き合いましょう。

解　説

問題文を順に確認しましょう。

> **核酸の構成単位**
>
> 核酸にはデオキシリボ核酸(DNA)とリボ核酸(RNA)がある。核酸の構成単位は［　ア　］といい，［　ア　］は窒素を含む環状構造の塩基と糖とリン酸各1分子が結合した化合物である。 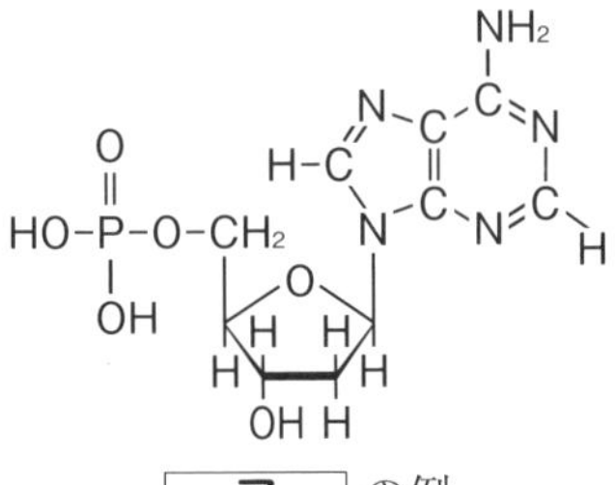
>
> ［　ア　］の例

あらゆる生物の細胞の中にあり，生命活動に大きく関わっている高分子が核酸です。

核酸には DNA と RNA の 2 種類があり，どちらも「五炭糖(ペントース)」「塩基」「リン酸」から構成された **ヌクレオチド** 問1 ア という単位が重合した物質です。よって，核酸はポリヌクレオチドと表現することができます。

与えられた例のヌクレオチドを作ってみましょう。

まずは，五炭糖の１位の－OH と塩基の－NH(イミノ基)を脱水縮合させます。この縮合体をヌクレオシドといいます。

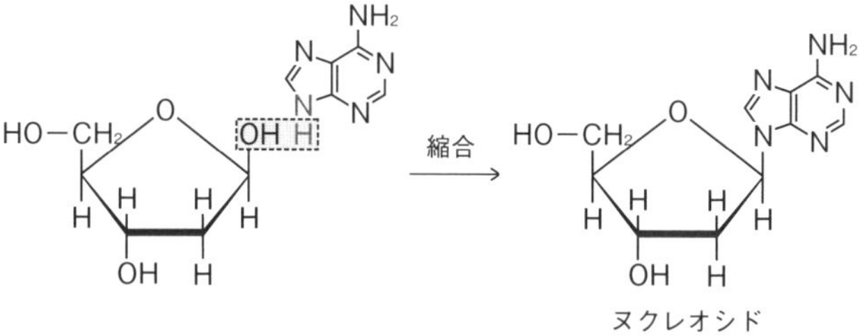

縮合→

ヌクレオシド

次に，ヌクレオシドの塩基の５位の－OH とリン酸を脱水縮合させます。この縮合体がヌクレオチドです。

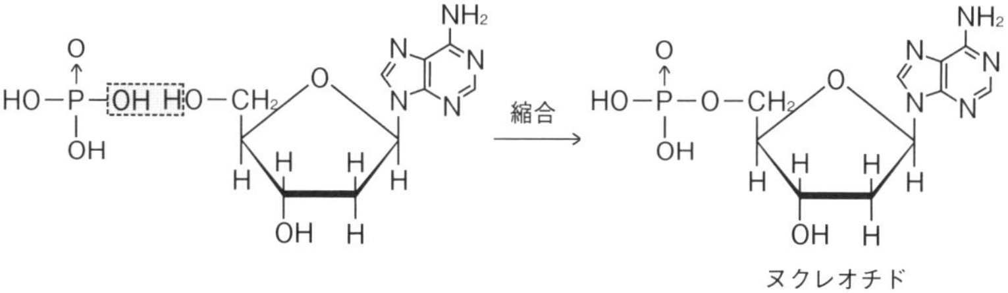

縮合→

ヌクレオチド

そして，ヌクレオチドが多数脱水縮合してできるポリヌクレオチドが核酸です。

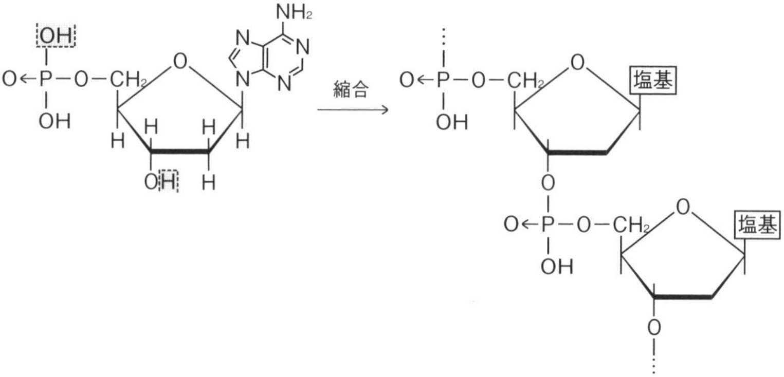

縮合→

✦**重要！** 核酸の構成単位

- **核酸はヌクレオチドの重合体（ポリヌクレチド）！**
- **ヌクレオチドは「リン酸」「五炭糖（ペントース）」「塩基」の重合体！**

核酸を構成している五炭糖

DNAとRNAの構造上の大きな違いの1つは，それらの構成単位の糖であり，DNAには［ イ ］，RNAには［ ウ ］という異なる糖が含まれている。

核酸を構成している糖は，5つのC原子からなる五炭糖（ペントース）で，以下に示す**リボース**と**デオキシリボース**の2つがあります。

デオキシリボースの「デオキシ」は「脱酸素」という意味で，リボースの2位の酸素を取ったものがデオキシリボースです。

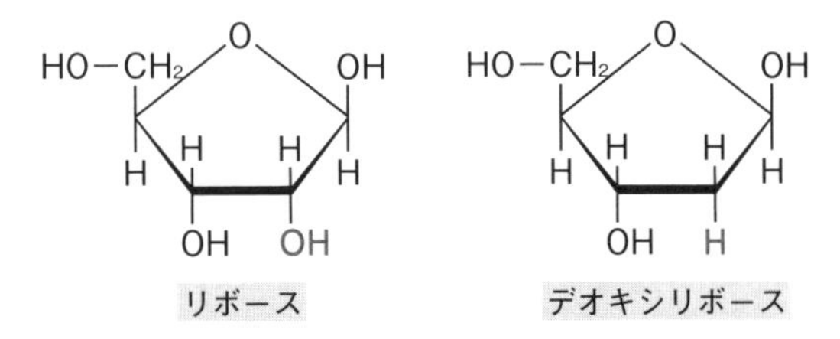

DNAを構成しているのが［デオキシリボース］問1 イ，RNAを構成しているのが［リボース］問1 ウです。

✦**重要！** 核酸を構成する五炭糖

- **DNAはデオキシリボース！**
- **RNAはリボース!!**

核酸を構成している塩基

DNAとRNAを構成する塩基は，それぞれ4種類ずつあり，そのうち略号Aで表される［ エ ］，略号Gで表される［ オ ］，略号Cで表される［ カ ］の3種類は共通である。残り1つの塩基は，DNAでは略号Tで表される［ キ ］であるが，RNAでは略号Uで表される［ ク ］である。

核酸を構成している5つの塩基は次の5つです。

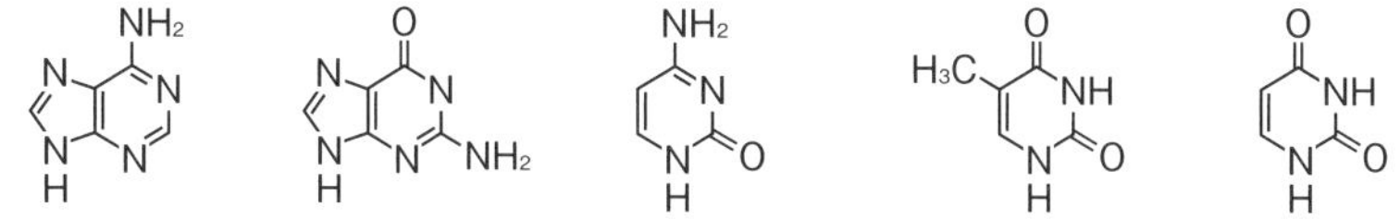

アデニン(A)　グアニン(G)　シトシン(C)　チミン(T)　ウラシル(U)

いずれも−NH(イミノ基)をもつことを確認しておきましょう。先述のとおり，核酸は，イミノ基が五炭糖と脱水縮合したものです。

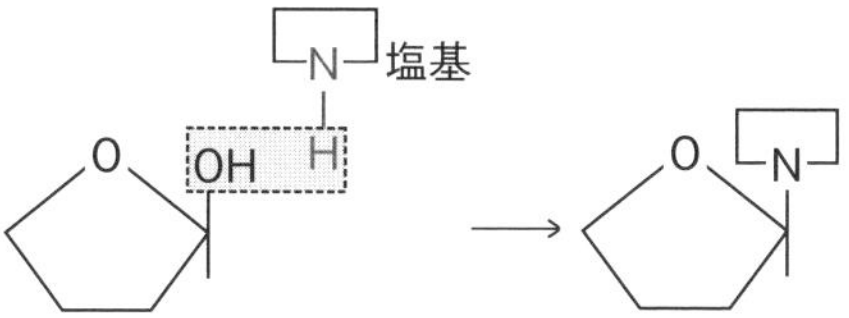

ペントース

DNAとRNAはそれぞれ4種類の塩基で構成されており，アデニン 問1 エ(A)，グアニン 問1 オ(G)，シトシン 問1 カ(C)の3つはDNAとRNAに共通しています。

そして，DNAはチミン 問1 キ(T)，RNAはウラシル 問1 ク(U)が残りの構成塩基です。

✦**重要!** 核酸を構成している塩基

- **DNAはA・G・C・T!**
- **RNAはA・G・C・U!!**

DNAの構造

2本の鎖状のDNA分子は二重らせん構造をとっており，この2本鎖は一方の鎖中の塩基と，他方の鎖中の塩基との間で水素結合している。DNAの4種類の塩基のうち，[エ]と[キ]は2本の水素結合で，[オ]と[カ]は3本の水素結合で，それぞれ塩基対をつくっている。

DNAは遺伝情報を担う核酸で，通常，**二重らせん構造**になっています。この二重らせん構造は塩基間にできる水素結合によって保持されています。

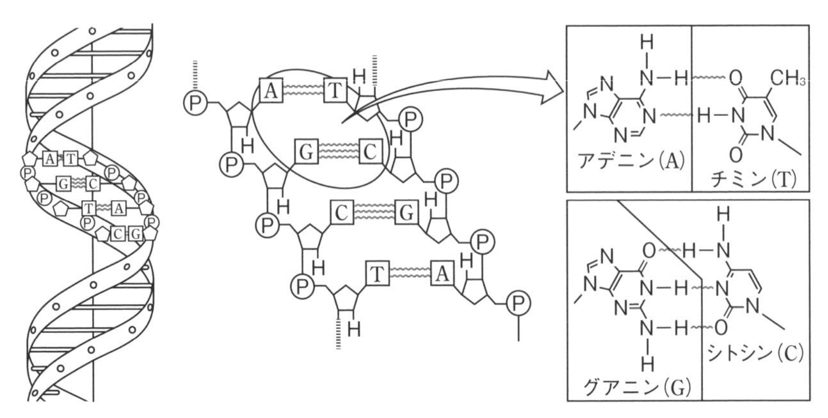

水素結合を形成する塩基の組み合わせは次のように決まっており，このような関係を**相補的な関係**といいます。

	水素結合
アデニン(A)＝チミン(T)	2本
グアニン(G)≡シトシン(C)	3本

G≡C の組み合わせのほうが形成される水素結合の数が多いため，G≡C の組み合わせが多いほど，物理的に安定といえます。

✦重要！ 相補的な関係の塩基

- **A＝T(水素結合2本)！　G≡C(水素結合3本)!!**

ここで，二重らせん構造に関する **問2** を確認しましょう。

問2 DNA の二重らせん構造の中で，［ エ ］と［ キ ］は，水素結合を形成している。［ キ ］を下の図の(1)〜(3)から選び，番号を答えよ。さらに，［ キ ］の構造を［　　］に適切に配置して［ エ ］と［ キ ］の間に形成される水素結合を点線……で表せ。ただし，水素結合を表す際は，四角の枠は無視せよ。

エ の構造　　キ の構造

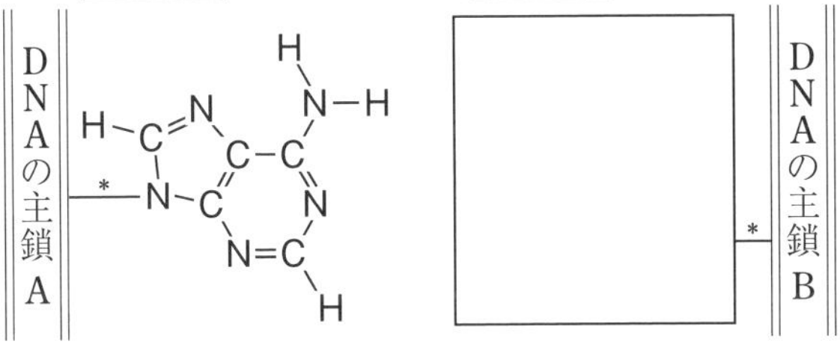

DNAの主鎖A　　DNAの主鎖B

―*― はDNAの主鎖と塩基の結合を示す。

キ		
(1)	(2)	(3)

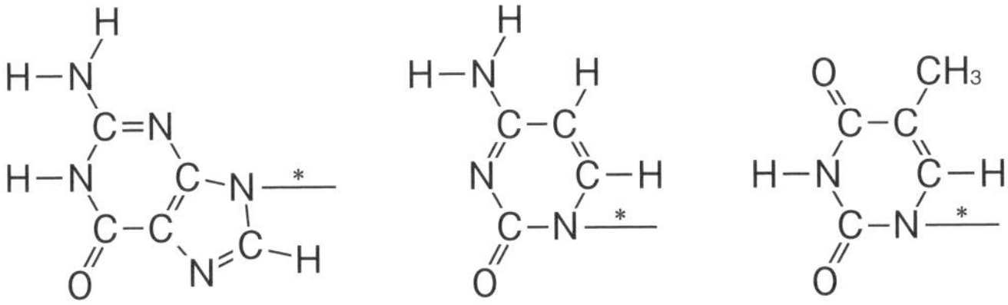

まず，チミンの構造ですが，チミンはメチル基$-CH_3$をもつのが特徴です。よって，(3)とわかります。それぞれの塩基の特徴を頭に入れ，与えられた情報から選ぶことができるようになっておきましょう。

次に，水素結合が形成される場所です。水素結合が形成されるのはどんな条件を満たした場所か，ここで復習しておきましょう（核酸に限らず，さまざまなテーマで水素結合は出題されます）。

下図の波線部分〰〰が水素結合です。

X−H〰〰〰X　　　（Xは**F・O・Nのいずれか**）

これに相当する場所に水素結合が形成されていることを，次のページの図でよく確認しておきましょう。

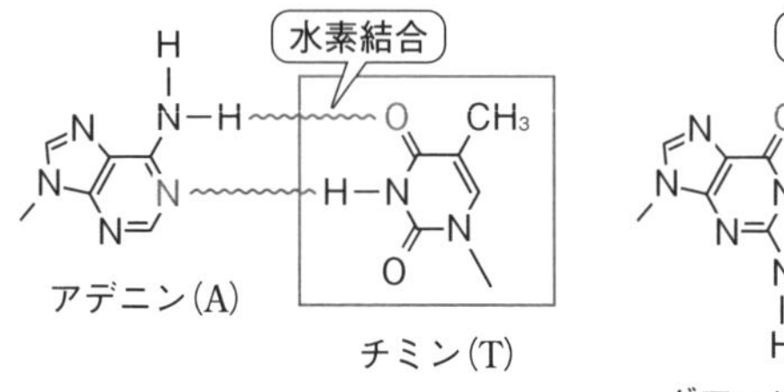

それでは下線部に関する **問3** を確認しましょう。

> **問3** ある2本鎖DNAの塩基の組成(モル分率)を調べたところ，[**オ**]が26％であった。このとき，[**エ**]は何％か。有効数字2桁で答えよ。

二重らせん構造のDNA中では，相補的な関係の塩基は必ず等モルずつ存在します。よって，**オ**(グアニン(G))が26％なら，シトシン(C)も26％です。また，アデニン(A)をx〔％〕とすると，チミン(T)もx〔％〕になります。

グアニン(G)＝	シトシン(C)	アデニン(A)＝	チミン(T)
26％	26％	x〔％〕	x〔％〕

合計で100％なので，$26\times2+2x=100$ より，$x=$ **24％** エと決まります。

✦重要！ 二重らせん構造に含まれる塩基の数

- **相補的な関係にある塩基は等モルずつ存在!!**

解答

問1 **ア** ヌクレオチド　**イ** デオキシリボース　**ウ** リボース
エ アデニン　**オ** グアニン　**カ** シトシン　**キ** チミン
ク ウラシル

問2 (3)

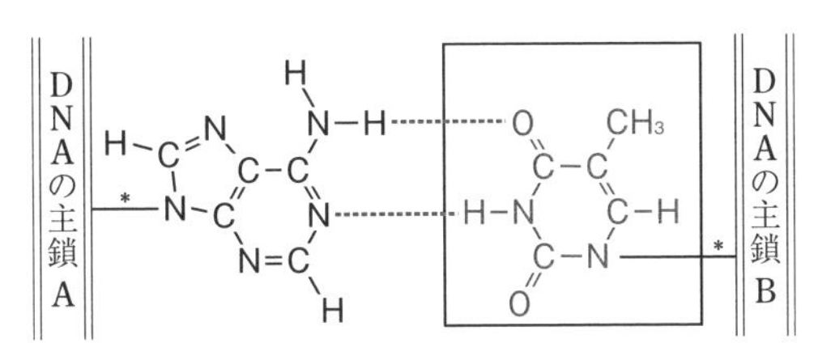

問3 24 %

それでは最後に，本問で問われていないものも含め，DNA と RNA をまとめて確認しておきましょう。

✦重要！DNA と RNA

- **DNA**
  - 役割：遺伝情報
  - 構成物質：リン酸・デオキシリボース・塩基 AGCT
  - 構造：二重らせん構造(相補的な塩基：A=T，G≡C)
- **RNA**
  - 役割：タンパク質の合成
  - 構成物質：リン酸・リボース・塩基 AGCU
  - 情報の管理：3 つの塩基の並び(コドン)で 1 つのアミノ酸を表す。
    コドンは全部で 4×4×4=64 種類考えられる。
- **タンパク質の合成**

DNA の二重らせん構造の一部が解かれ，相補的な関係にある塩基をもつ RNA が合成される(**転写**)。合成された RNA をメッセンジャー RNA(mRNA)という。DNA は原本，mRNA はコピーのようなものである。mRNA のデータに基づき，タンパク質が合成される(**翻訳**)。

Theme 16

油　脂

▶ 岡山大学

［問題は別冊36ページ］

イントロダクション

この問題のチェックポイント

- ☑油脂に関する知識があるか
- ☑けん化と付加に関する計算の立式がスムーズにできるか
- ☑セッケンに関する知識があるか

油脂に関する問題です。油脂は計算問題が必ず出題されます。計算問題にスムーズに対応するために必要な知識を押さえておきましょう。また，本問では扱っていませんが，合成洗剤の確認もしておきましょう。

解 説

問題文を順に確認していきましょう。

> **油脂の基本事項**
> 油脂は，（　あ　）1分子と高級脂肪酸3分子からなる化合物であり，さまざまな用途で利用されている。

ここで，油脂の基本事項を確認していきましょう。

油脂は，3価のアルコールである グリセリン 問1 あ $C_3H_5(OH)_3$ と高級脂肪酸 $R_{1\sim3}COOH$ 3分子が脱水縮合した3価のエステル(トリグリセリド)です。

```
CH2─O─C─R1
│     ‖
│     O
CH─O─C─R2
│     ‖
│     O
CH2─O─C─R3
      ‖
      O
```

示性式

$C_3H_5(OCOR_1)(OCOR_2)(OCOR_3)$

油脂には，不斉炭素原子をもつものがあります。

不斉炭素原子になる可能性があるのは，真ん中のC原子です。真ん中のC原子が不斉炭素原子になる条件は「$R_1 \neq R_3$」です。

```
     CH2−O−C−R1
     |      ‖
     |      O
(ここ)>*CH−O−C−R2
     |      ‖
     |      O
     CH2−O−C−R3
            ‖
            O
```

例　示性式 $C_3H_5(OCOR_1)_2(OCOR_2)$ の油脂

不斉炭素原子あり

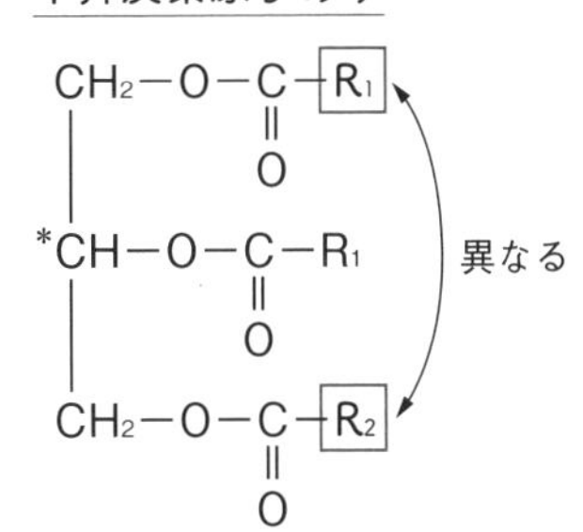

不斉炭素原子なし

```
CH2−O−C−[R1]
 |      ‖
 |      O
CH−O−C−R2         同じ
 |      ‖
 |      O
CH2−O−C−[R1]
        ‖
        O
```

✦重要！ 油脂の不斉炭素原子

- **不斉炭素原子が存在する条件は，「$R_1 \neq R_3$」!!**

```
 CH2−O−C−R1
 |      ‖
 |      O
*CH−O−C−R2
 |      ‖
 |      O
 CH2−O−C−R3
        ‖
        O
```

油脂を構成する高級脂肪酸の基本事項

油脂を構成する脂肪酸にはC=C結合をもつ不飽和脂肪酸と，C=C結合をもたない飽和脂肪酸がある。一般に脂肪酸の融点は，炭素原子の数が同じ場合，C=C結合が多いほど（　**い**　）。

自然界に存在する油脂を構成している高級脂肪酸の多くは，C原子数が16と18のものです。特に，C原子数18のものが頻出です。

油脂の計算問題をスムーズに進めるために，**以下の表の高級脂肪酸の「名称」と「C=C 結合の数」は頭に入れておきましょう**。

C 原子数	脂肪酸の名称	C=C 結合の数	
16	**パルミチン酸**	**0**	飽和脂肪酸
18	**ステアリン酸**	**0**	飽和脂肪酸
	オレイン酸	**1**	不飽和脂肪酸
	リノール酸	**2**	不飽和脂肪酸
	リノレン酸	**3**	不飽和脂肪酸

名称と C=C 結合の数が頭に入っていれば，示性式はその場で作ることができます。スラスラ作れるようになっておきましょう(作り方は後述の✦**重要！ 高級脂肪酸の示性式のつくり方** ➡ p.144)。

パルミチン酸やステアリン酸のように C=C 結合をもたない脂肪酸を**飽和脂肪酸**，オレイン酸やリノール酸，リノレン酸のように C=C 結合をもつ脂肪酸を**不飽和脂肪酸**といいます。同じ C 原子数の脂肪酸で比較すると，**不飽和脂肪酸は飽和脂肪酸より融点が低くなります**。また，C=C 結合が多いほど融点が 低い 問2 い です。

✦**重要！** 油脂を構成する代表的な脂肪酸

	脂肪酸の名称	C=C 結合数
16	パルミチン酸	0
18	ステアリン酸	0
	オレイン酸	1
	リノール酸	2
	リノレン酸	3

不飽和脂肪酸は飽和脂肪酸に比べて融点が低い！

油脂も同じです。「不飽和脂肪酸からなる油脂」は「飽和脂肪酸からなる油脂」より融点が低く，常温で液体です。このように常温で液体の油脂を**脂肪油**といいます。

また，飽和脂肪酸からなる油脂は融点が高く，常温で固体です。このように常温で固体の油脂を**脂肪**といいます。通常，脂肪は動物性油脂，脂肪油は植物性油脂です。

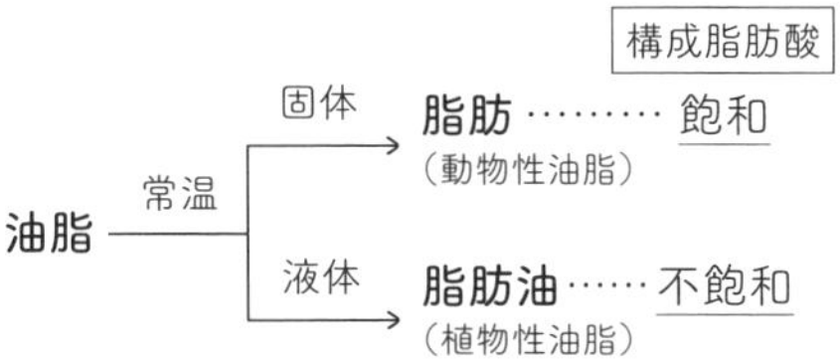

油脂 —常温→ 固体 → **脂肪**（動物性油脂）……… 飽和
液体 → **脂肪油**（植物性油脂）…… 不飽和

（構成脂肪酸）

C=C 結合をもつ液体の油脂に H_2 を付加すると，C=C 結合がなくなり，固体に変化します。このようにしてつくられた固体の油脂を**硬化油**といいます。マーガリンがその例です。

また，**C=C 結合を多くもつ油脂は，空気中に放置すると固化します**。このような油脂を**乾性油**といいます（空気中に放置しても固化しないものが不乾性油，中間のものが半乾性油）。

固化する理由は，C=C 結合が空気中の O_2 によって酸化され，架橋構造をつくるからです。ペンキが乾性油の例です。

✦**重要！** 油脂の分類

● **常温常圧における状態による分類**
- **脂　肪**：常温で固体の油脂。基本的に動物性油脂で，飽和脂肪酸から構成される。
- **脂肪油**：常温で液体の油脂。基本的に植物性油脂で，不飽和脂肪酸から構成される。
- **硬化油**：液体の油脂（脂肪油）に水素を付加して固体に変えたもの

● **固化しやすさによる分類**
- **乾性油**：空気中に放置すると酸素によって酸化され，固化する油脂（C=C 結合が多い）
- **不乾性油**：空気中に放置しても固化しない油脂
- **半乾性油**：乾性油と不乾性油の中間の油脂

✦重要！高級脂肪酸の示性式のつくり方

高級脂肪酸の「名称」と「C=C 結合数」から，示性式をつくることができる。

例 オレイン酸の示性式は？

➡ オレイン酸はC原子数18でC=C結合を1つもつ脂肪酸。

➡ カルボキシ基−COOHでC原子を1つ使うため，残り17個のC原子がアルキル基のもの。

$C_{17}H\_COOH$

➡ C=C結合を1つもつアルキル基はC_nH_{2n+1-2}−であるため※，$n=17$のときのアルキル基は$C_{17}H_{33}$−となる。

➡ 以上より，オレイン酸の示性式は$C_{17}H_{33}COOH$である。

※飽和脂肪酸の示性式はアルカンC_nH_{2n+2}からH原子を1つ取って，カルボキシ基−COOHで置き換えたもの。すなわち，$C_nH_{2n+1}COOH$である。ここから，C=C結合の数×2だけH原子を取ったものが不飽和脂肪酸のアルキル基の示性式である。

油脂の加水分解(けん化)

油脂に水酸化ナトリウムを加えて熱すると，油脂はけん化されて(**あ**)と脂肪酸のナトリウム塩である(**う**)が生じる。

油脂は3価のエステルなので，加水分解が起こります。通常のエステルの加水分解と同じです。唯一異なる点は，加水分解酵素(**リパーゼ**)があることです。

$$
\begin{array}{l}
CH_2-O-C(=O)-R_1 \\
| \\
CH-O-C(=O)-R_2 \\
| \\
CH_2-O-C(=O)-R_3
\end{array}
\xrightarrow[\text{H}^+ \text{ or リパーゼ}]{3H_2O}
\begin{array}{l}
CH_2-OH \\
| \\
CH-OH \\
| \\
CH_2-OH
\end{array}
+
\begin{array}{l}
R_1COOH \\
R_2COOH \\
R_3COOH
\end{array}
$$

グリセリン　　高級脂肪酸

また，エステルと同様に，NaOH や KOH などの強塩基を用いると，けん化が起こりグリセリンと高級脂肪酸の塩(ナトリウム塩やカリウム塩)が生成します。この塩を**セッケン** 問1 うといいます。

$$\begin{array}{l} CH_2-O-\underset{\underset{O}{\|}}{C}-R_1 \\ | \\ CH-O-\underset{\underset{O}{\|}}{C}-R_2 \\ | \\ CH_2-O-\underset{\underset{O}{\|}}{C}-R_3 \end{array} \xrightarrow[\text{けん化}]{3NaOH} \begin{array}{l} CH_2-OH \\ | \\ CH-OH \\ | \\ CH_2-OH \end{array} + \begin{array}{l} R_1COONa \\ R_2COONa \\ R_3COONa \end{array}$$

グリセリン　　セッケン

◆**重要!** セッケンとは

- **油脂をけん化して得られる高級脂肪酸のナトリウム塩やカリウム塩!!**

それでは，下線部からの部分を後に回して，問題文の最後を確認しましょう。

油脂の計算
油脂 1 mol を完全にけん化するためには，水酸化ナトリウムや水酸化カリウムのような 1 価の強塩基が 3 mol 必要である。

油脂は 3 価のエステルなので，油脂 1 mol をけん化するために必要な NaOH や KOH の物質量は 3 倍の 3 mol です。けん化の計算問題では，**油脂と塩基の物質量比が 1：3** になる式をすぐに立式できるようになりましょう。

通常，**けん化の計算から油脂の分子量がわかります**。

◆**重要!** けん化の計算

- **油脂〔mol〕：NaOH〔mol〕＝1：3**
- **油脂〔mol〕：KOH〔mol〕＝1：3**

それでは，油脂の計算問題である **問4** を確認しましょう。

問4 単一の分子からなる油脂Aがある。0.913 g の油脂Aを完全にけん化するためには，0.132 g の水酸化ナトリウムが必要であった。けん化後の反応液を酸性にして，ジエチルエーテルで抽出を行ったところ，得られた脂肪酸はパルミチン酸 $C_{15}H_{31}COOH$（分子量 256）とリノール酸 $C_{17}H_{31}COOH$（分子量 280）のみであった。

a) 油脂Aの分子量を整数で答えよ。

b) 十分な量のヨウ素を用いて完全に反応させたとき，4.15 g の油脂Aに付加するヨウ素は何 g か。有効数字3桁で答えよ。

a) まず，けん化の計算式をつくりましょう。

油脂Aの分子量を M とすると「油脂〔mol〕：NaOH〔mol〕＝1：3」より以下の式が成立します（NaOH の式量 40）。

$$\frac{0.913}{M} : \frac{0.132}{40} = 1 : 3 \qquad M = \boxed{\mathbf{830}}$$

与えられた情報より，油脂Aは，以下の物質が脱水縮合（3分子の H_2O がはずれる）したものとわかります。パルミチン酸を x 分子とおいて

- グリセリン $C_3H_5(OH)_3$（分子量 92）×1分子
- パルミチン酸（分子量 256）×x 分子
- リノール酸（分子量 280）×$(3-x)$ 分子

これより，油脂Aの分子量 830 は以下のような式で表すことができます。

$$92 + 256x + 280(3-x) - 18 \times 3 = 830 \qquad x = \mathbf{2}$$

パルミチン酸は C=C 結合をもたないため，油脂Aがもつ C=C 結合の数はリノール酸1分子がもつ2つです。

b) C=C 結合を k 個もつ油脂 1 mol には，H_2 や I_2 が k〔mol〕付加します。

油脂（C=C 結合×k 個）〔mol〕：H_2〔mol〕＝1：k

油脂（C=C 結合×k 個）〔mol〕：I_2〔mol〕＝1：k

それでは，油脂Aがもつ C=C 結合の数を考えましょう。

a)より，構成脂肪酸は「パルミチン酸（C=C 結合なし）2分子」と「リノール酸（C=C 結合2個）1分子」とわかったので，油脂Aは C=C 結合を2つもちます。

よって，「油脂A〔mol〕：I_2〔mol〕＝1：2」が成立するため，油脂A 4.15 g に付加する I_2（分子量 254）を y〔g〕とすると，以下のようになります。

$$\frac{4.15}{830} : \frac{y}{254} = 1 : 2 \qquad y = \boxed{\mathbf{2.54}\text{〔g〕}}$$

◆重要！ 付加の計算

油脂(C=C 結合×k 個)mol：H_2 mol=1：k

油脂(C=C 結合×k 個)mol：I_2 mol=1：k

それでは，問題文の下線部に戻りましょう。

セッケンの性質

一定濃度以上の(　う　)を溶かした水溶液に横から強い光を当てるとその光の通路が明るく見える。(　う　)の水溶液は(　え　)を示すため，(　お　)を主成分とする動物繊維の洗濯には適していない。

セッケン分子は，図のように「疎水性のアルキル基」と「親水性のカルボキシ基のイオン」からできています。

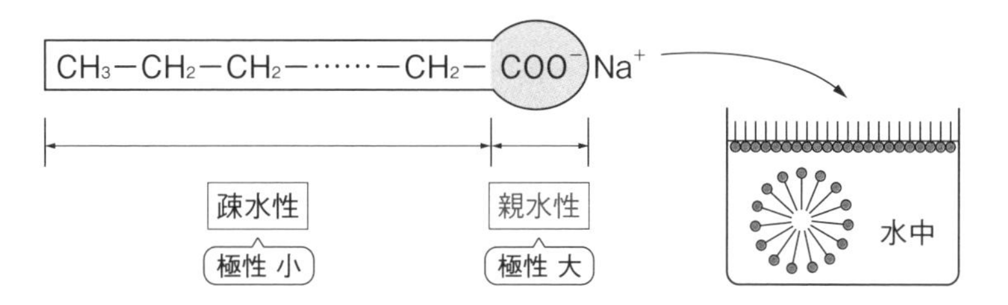

セッケンを水に入れると，液面と水中でそれぞれ次のような状態になります。

- **液面**：疎水基を空気中，親水基を水中に向けて並びます。これにより水の表面張力が低下し，繊維の隙間にしみ込みやすくなります。セッケンのように水の表面張力を小さくする物質を**界面活性剤**といいます。
- **水中**：疎水基を内側，親水基を外側に向けて集まりコロイド粒子(**ミセル**)をつくります。これにより，セッケン水中では油分が分散します(**乳化作用**)。

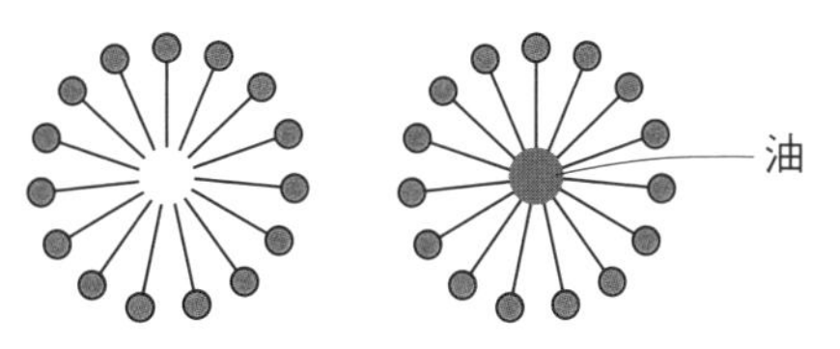

ミセルはコロイド粒子なので，水溶液に横から強い光を当てるとその光の通路が明るく見える現象が起こります。これを**チンダル現象** 問3 といいます。

それでは，セッケンの特徴を確認しましょう。

- **セッケンの水溶液は弱塩基性**

　セッケンは高級脂肪酸（弱酸）と NaOH や KOH（強塩基）からなる塩なので，水中で加水分解が起こり **弱塩基性** 問2 え を示します。

　➡ これにより，**タンパク質** 問2 お の変性が起こるため，絹や羊毛などの動物性繊維に使用することができません。

- **セッケンは硬水中で沈殿をつくる**

　セッケンは硬水（Ca^{2+} や Mg^{2+} を多く含む水）中で沈殿をつくるため，洗浄力が低下します。

- **生分解されやすい**

　自然界の微生物によって生分解されやすいため，地球にやさしい洗剤です。

✦重要！ セッケンの特徴

- **弱塩基性（動物性繊維には使用不可）！**
- **硬水中で沈殿！**
- **生分解されやすい!!**

解答

問1 **あ** グリセリン　**う** セッケン

問2 **い** イ　**え** エ　**お** ク

問3 チンダル現象

問4 a）**830**　b）**2.54**〔g〕

✦重要！ 油脂の計算をスムーズにする知識

油脂の計算をスムーズにするため，以下の 2 つを知っておくとよい。

● **代表的な脂肪酸と C=C 結合の数**

入試で出題される油脂を構成する脂肪酸のほとんどは表のものである。油脂の名称と C=C 結合の数は即答できるようになっておこう。

C 原子数	脂肪酸の名称	C=C 結合の数
16	パルミチン酸	0
18	ステアリン酸	0
	オレイン酸	1
	リノール酸	2
	リノレン酸	3

例 リノール酸 2 分子とリノレン酸 1 分子からなる油脂の C=C 結合の数はいくつ？

➡リノール酸の C=C 結合は 2 つ，リノレン酸の C=C 結合は 3 つなので，油脂がもつ C=C 結合の数は $2\times2+3=\mathbf{7}$

● **「ステアリン酸」「ステアリン酸のみからなる油脂」の分子量**

- C 原子数 18 の飽和脂肪酸（C=C 結合なし）であるステアリン酸の分子量「284」
- ステアリン酸のみからなる油脂（C=C 結合をもたない）の分子量「890」。

例 分子量 872 の油脂がもつ C=C 結合の数は？

➡C=C 結合 1 つにつき分子量が 2 減少するため，890 から減少している分子量の半分が C=C 結合の数となる。

$$(890-872)\times\frac{1}{2}=\mathbf{9}$$

（この油脂を構成している脂肪酸はリノレン酸（C=C 結合の数 3）3 分子と考えられる。また，分子量が 872 より小さいときは，C 数が 16 のパルミチン酸を含んでいると予想してよい。）

ビニロン

▶ 関西大学

［問題は別冊38ページ］

イントロダクション

この問題のチェックポイント

- ☑ **ビニロンの製法が頭に入っているか**
- ☑ **ビニロンの計算がスムーズにできるか**

主にビニロンに関する問題です。ビニロンの計算は定番なので，製法をしっかり理解した上でスムーズに解答していく必要があります。本問を通じてしっかりマスターしておきましょう。

解説

問題文を順に確認していきましょう。

> **ポリエチレン**
>
> 160～170℃に加熱した濃硫酸にエタノールを加えると，分子内脱水反応が進行して，［ (1) ］が得られる。適切な触媒を用いて［ (1) ］を付加重合させると，フィルムや袋，容器などに用いられるポリ［ (1) ］が得られる。ポリ［ (1) ］は（　(2)　）。

160～170℃で濃硫酸を用いてエタノールの脱水反応を起こすと，分子内脱水により**［エチレン］**(1)が生成します。

$$H-\underset{H}{\overset{H}{C}}-\underset{OH}{\overset{H}{C}}-H \xrightarrow[H_2SO_4]{160\sim170℃} \underset{H}{\overset{H}{>}}C=C\underset{H}{\overset{H}{<}} + H_2O$$

エチレンのようにビニル基（$CH_2=CH-$）をもつ化合物は，触媒により付加重合が進行し，高分子化合物に変化します。エチレンからはポリエチレンが得られます。

$$n\ CH_2{=}CH_2 \xrightarrow{\text{付加重合}} \left[CH_2{-}CH_2 \right]_n$$

ポリエチレンのように鎖状の高分子化合物，すなわち結合部位が2か所のみのモノマーから得られるポリマーは，**加熱するとやわらかくなる性質(熱可塑性)**(2)をもちます。このような樹脂を**熱可塑性樹脂**といいます。

それに対して，網目状の高分子化合物，すなわち結合部位が3か所以上のモノマーから得られるポリマーは，加熱すると硬くなる性質(熱硬化性)をもちます。このような樹脂を**熱硬化性樹脂**といいます。

✦重要！ 熱に対する性質

- **モノマーの結合部位が2か所(直鎖状のポリマー) ➡ 熱可塑性！**
- **モノマーの結合部位が3か所以上(網目状のポリマー) ➡ 熱硬化性！**

エタノールの酸化

硫酸酸性の二クロム酸カリウム溶液を用いてエタノールを酸化すると，｛ (3) ｝を経て，酢酸が得られる。｛ (3) ｝にフェーリング液を加えて加熱すると，赤色の｛ (4) ｝の沈殿が生じる。

エタノールは第一級アルコールなので，酸化するとアルデヒドを経てカルボン酸に変化します。反応前後でC原子数は変化しないので，C数2のアセトアルデヒド CH_3CHO (3)を経てC数2の酢酸に変化します。

$$CH_3{-}CH_2{-}OH \xrightarrow{\text{酸化}} CH_3{-}CHO \xrightarrow{\text{酸化}} CH_3{-}COOH$$

エタノール　　　アセトアルデヒド　　　酢酸

アルデヒドの検出法の1つが「フェーリング液を還元する反応」です(➡ テーマ4 アルデヒド・ケトンの p.42, 43)。

よって，アセトアルデヒドにフェーリング液を加えて加熱すると酸化銅(Ⅰ) Cu_2O (4)の赤色沈殿が生じます。

ビニロンの製法

触媒を用いて酢酸をアセチレンに付加させると，酢酸ビニルが得られる。酢酸ビニルの付加重合により得たポリ酢酸ビニルを水酸化ナトリウム水溶液を用いてけん化すると，ポリ［ (5) ］が得られる。ホルムアルデヒド水溶液を用いてポリ［ (5) ］をアセタール化すると，適度な吸湿性をもち，綿に似た感触があるビニロンが得られる。

ビニロンは日本で開発された木綿に似た繊維です。吸湿性に優れ，強度もあることからロープや作業着に利用されています。

それでは合成の流れを確認していきましょう。

$$n\,CH_2{=}CH(OCOCH_3) \xrightarrow[\text{(i)}]{\text{付加重合}} \left[CH_2{-}CH(OCOCH_3)\right]_n$$

酢酸ビニル　　　ポリ酢酸ビニル

$$\xrightarrow[\text{(ii)}]{\text{けん化}} \left[CH_2{-}CH(OH)\right]_n \xrightarrow[\text{(iii)}]{\text{アセタール化}} \cdots{-}CH_2{-}CH{-}CH_2{-}CH{-}CH_2{-}CH(OH){-}\cdots \quad (\text{2つのCHが }O{-}CH_2{-}O\text{ で結合})$$

ポリビニルアルコール (PVA)　　　ビニロン

(i) <u>酢酸ビニルを付加重合させ，ポリ酢酸ビニルをつくる。</u>

(ii) <u>ポリ酢酸ビニルを NaOH**aq** を用いてけん化し，ポリ［ビニルアルコール］(5)(**PVA**)をつくる。</u>

$$\left[CH_2{-}CH(O{-}C(=O){-}CH_3)\right]_n \xrightarrow[\text{けん化}]{NaOH} \left[CH_2{-}CH(OH)\right]_n + n\,CH_3COONa$$

ポリ酢酸ビニル　　　PVA

(iii) <u>**PVA** にホルムアルデヒド HCHO を加えてアセタール化し，ビニロンをつくる。</u>

$$\text{PVA} \xrightarrow[\text{−OH の 30〜40\% をアセタール化}]{HCHO} \text{ビニロン}$$

PVAには多数の$-OH$が存在し水溶性であるため，30〜40%の$-OH$を無極性のアセタール構造（$-O-CH_2-O-$）に変化させ，水に溶けない繊維ビニロンにしています（60〜70%の$-OH$が残っているため，吸湿性に優れた繊維になります）。

✦重要！ ビニロンの性質

- **水溶性のPVAがもつ$-OH$の**
  30〜40% ➡ 無極性のアセタール構造に変え，水に不溶の繊維に！
  60〜70% ➡ そのまま残すことで，吸湿性に優れた繊維に！

ビニロンの計算

ホルムアルデヒド水溶液を用いて88.0 gのポリ［ (5) ］をアセタール化したところ，92.2 gのビニロンが得られた。このとき，ポリ［ (5) ］のヒドロキシ基のうち，｛ (6) ｝%がアセタール化した。

ビニロンの計算のポイントは「ビニロンの分子量を表すことができるか」です。まず，アセタール化の流れを確認しましょう。

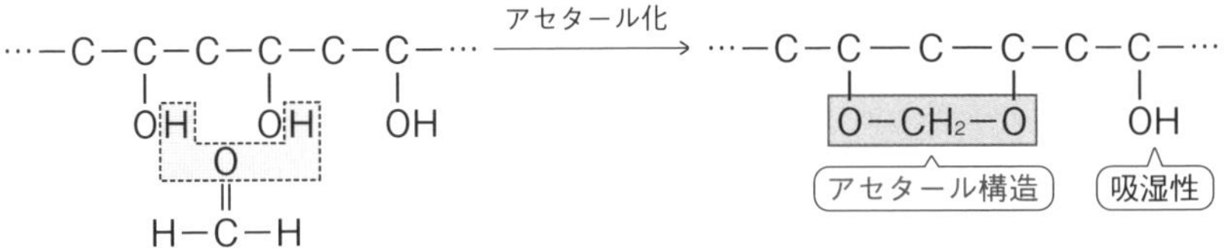

$$\cdots-\underset{\substack{|\\ OH}}{C}-C-\underset{\substack{|\\ OH}}{C}-C-\underset{\substack{|\\ OH}}{C}-\cdots \xrightarrow{\text{アセタール化}} \cdots-\underset{|}{C}-C-\underset{|}{C}-C-\underset{\substack{|\\ OH}}{C}-\cdots$$

（2つのOHのHとHCHO（H−C−H，=O）のOが脱離）

$O-CH_2-O$（アセタール構造）　OH（吸湿性）

上の流れを見ると，PVAの$-OH$ 2つに対してHCHO 1分子が反応し，アセタール構造が1つできています。

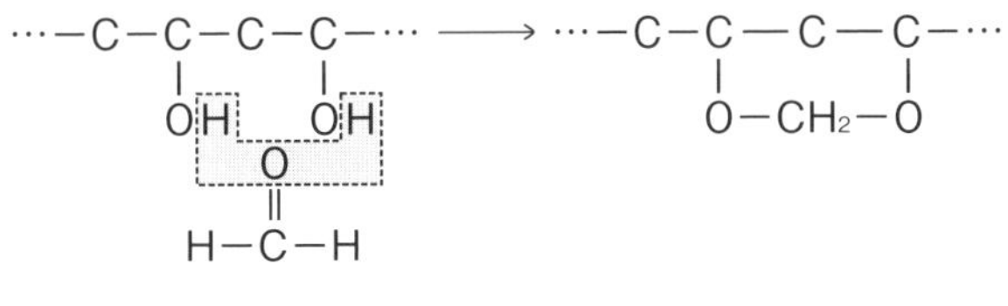

$$\cdots-\underset{\substack{|\\ OH}}{C}-C-\underset{\substack{|\\ OH}}{C}-\cdots \longrightarrow \cdots-\underset{|}{C}-C-\underset{|}{C}-\cdots$$

（2つのOHのHとHCHO（H−C−H，=O）のOが脱離し，$O-CH_2-O$ が生成）

この過程でモノマー単位の分子量が12増加します。2で割って$-OH$ 1つあたりにすると，モノマー単位の分子量が6増加することがわかります。

$$2(-OH) \xrightarrow[\boxed{+12}]{1HCHO} 1(-O-CH_2-O-)$$

⬇ 2で割る

$$1(-OH) \xrightarrow[\boxed{+6}]{\frac{1}{2}HCHO} \frac{1}{2}(-O-CH_2-O-)$$

以上より，「1つの−OHが反応すると，モノマー単位の分子量が6増加する」すなわち**「x個の−OHが反応すると，モノマー単位の分子量が$6x$増加する」**といえます。

PVAのモノマー単位の分子量は44なので，これに$6x$を加えたものがビニロンのモノマー単位の分子量です。よって，**ビニロンの分子量は$(44+6x)n$**と表すことができます。

では，ビニロンの分子量を使って，問題を解いてみましょう。

PVA(分子量$44n$)の繰り返し単位にある−OH 1個のうち，x個がアセタール化したと考えます(ビニロンはPVAの−OHのうち30〜40%をアセタール化したものなので，xに入る数値は0.3〜0.4個となります。違和感があるかもしれませんが，−OH 1個のうちの平均値なので小数になってもかまいません)。

アセタール化の前後で物質量は変化しないので，次の式が成立します。

$$\frac{88.0}{44n}=\frac{92.2}{(44+6x)n} \qquad x=\mathbf{0.350}$$

以上より，アセタール化された−OHの割合は次のようになります。

$$\frac{0.350}{1}\times 100=\boxed{\mathbf{35}}^{(6)}〔\%〕$$

一般的なビニロンの，アセタール化される−OHの割合30〜40%と一致しています。

✦**重要！** ビニロンの計算

- **PVA(分子量$44n$)のモノマー単位にある−OH 1個中x個がアセタール化したと考えると，ビニロンの分子量は$(44+6x)n$！**

解答

(1) ウ　(2) イ　(3) CH_3CHO　(4) Cu_2O　(5) キ
(6) **35**

Theme 18

ゴム

▶ 東京農工大学

本番で取りたい正解数 7/9題

[問題は別冊40ページ]

イントロダクション

この問題のチェックポイント

- ☑ゴムに関する知識が頭に入っているか
- ☑ゴムに関する計算問題の立式がスムーズにできるか
- ☑有機化学(アルケン)の反応をゴムに応用できるか

ゴムに関する問題です。ゴム全般の知識，そして頻出の計算についてしっかりと確認していきましょう。

解説

問題文を順に確認していきましょう。

> **天然ゴム(生ゴム)**
>
> 得られた天然ゴムを(a)乾留すると，おもにイソプレン(図1参照)とよばれる無色の液体が得られる。天然ゴムは，このイソプレンの両端の炭素原子①と④が別のイソプレンに結合する形式(1,4-付加)で重合した高分子化合物である。
>
> 図1　イソプレンの構造
>
> イソプレンの1,4-付加重合による生成物では，高分子の鎖の骨格中に二重結合が含まれることになるが，天然ゴムでは，二重結合のまわりの立体配置のほぼすべてが［ア］形である。

天然ゴム(生ゴム)はイソプレンが1,4-付加重合してできるポリイソプレンの構造です。そのため，天然ゴムを乾留(**空気を遮断して固体を加熱する操作** 問2)すると，主にイソプレンが得られます。

それでは，イソプレンを1,4-付加重合させて天然ゴムをつくってみましょう。

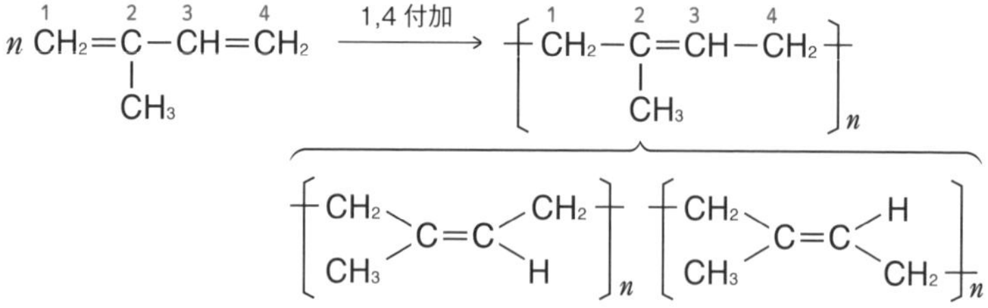

$$n\,\overset{1}{C}H_2=\overset{2}{C}(CH_3)-\overset{3}{C}H=\overset{4}{C}H_2 \xrightarrow{\text{1,4付加}} \left[\overset{1}{C}H_2-\overset{2}{C}(CH_3)=\overset{3}{C}H-\overset{4}{C}H_2\right]_n$$

$$\left[\begin{matrix} CH_2 & & CH_2 \\ & C=C & \\ CH_3 & & H \end{matrix}\right]_n \qquad \left[\begin{matrix} CH_2 & & H \\ & C=C & \\ CH_3 & & CH_2 \end{matrix}\right]_n$$

シス形　　　　トランス形

1,4-付加重合では，新しい場所(2・3のCの間)にC=C結合が生じます。これにより，シス形とトランス形が存在しますが，天然ゴムは基本的に シス 問1 ア形で，弾性をもちます。

下図を見ると，シス形のゴムは波打っているのがわかります(伸びたり縮んだりしそうですね)。

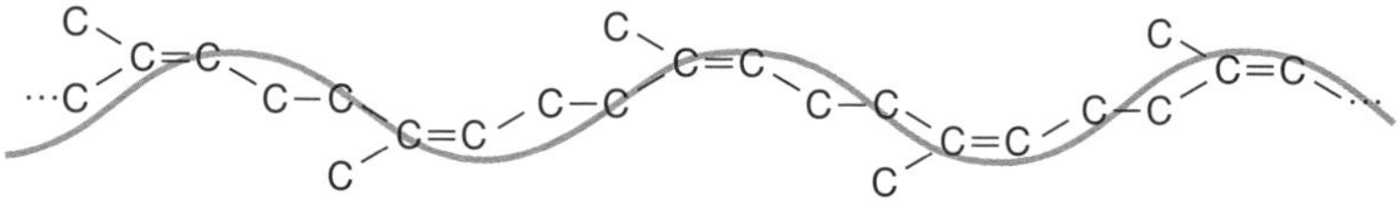

シス形

ちなみに，トランス形のゴムは，まっすぐで分子どうしが接近しやすく，分子間力が強くはたらくため，硬い樹脂です(グッタペルカ)。

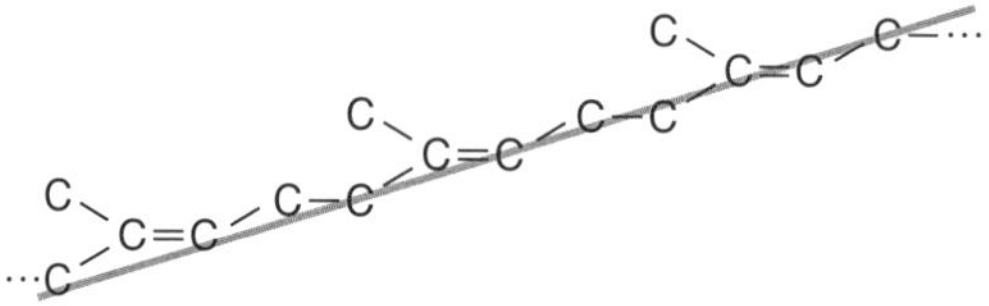

トランス形

✦重要！ 天然ゴム(生ゴム)

- **シス形で弾性あり！**

加　硫

天然ゴムの弾性は弱く，ゆっくりと力を加え続けると，ゴム全体が力に応じて変形し，もとの形に戻らなくなる。しかし，［ イ ］を質量で3〜5％程度加えて加熱し，高分子の鎖を橋かけすると，実用的なゴムとしての適切な弾性を付与することができる。この操作のことを［ ウ ］とよぶ。［ イ ］の量を増やし(質量で約30％)，長時間の加熱によって得られる黒くて硬い物質は，［ エ ］とよばれる。

天然ゴム(生ゴム)は分子の対称性が低く結晶化しにくいため，弾性が弱く，耐久性も不十分です。そのため，加硫 問1 ウ(3〜5％の硫黄 問1 イを加えて加熱する操作)を行います。

加硫を行うと，硫黄がポリイソプレン間に架橋構造を形成し，弾性や強度の増したゴム(加硫ゴム)に変化します。

```
                            |
                         −C−C−
  −C=C−       S             |
           ———————→         S  ——〈 架橋構造 〉
  −C=C−      加熱           |
                         −C−C−
                              |
```

加硫の操作で，硫黄の割合を30〜40％にすると架橋構造が過剰になり，弾性のない硬い樹脂に変化します。この樹脂をエボナイト 問1 エといいます。

✦重要！ 加硫

- **3〜5％の硫黄を加えて加熱する操作！**
- **架橋構造により丈夫なゴムに!!**

その他のジエン系ゴム

天然ゴム以外にも，1,3-ブタジエンや(b)クロロプレンを原料にして合成ゴムが生産されている。1,3-ブタジエンを付加重合するとポリブタジエンが得られる。ポリブタジエンの高分子の鎖は，1,4-付加により形成される繰り返し単位以外に，1,2-付加により形成される繰り返し単位を含み，その割合は重合方法に依存する。

イソプレンや1,3-ブタジエン(以下ブタジエン)，クロロプレンのように，分子以内にC=C結合を2つもつ物質(ジエン)から合成されるゴムをジエン系ゴムといいます。

● **ブタジエン**

$CH_2=CH-CH=CH_2$

● **クロロプレン**

$CH_2=CH-C(Cl)=CH_2$ 問3 (b)

ジエンの付加重合は基本的に1,4-付加で進みます。しかし，ブタジエンは一部に1,2-付加が含まれます。1,2-付加をつくってみましょう。

$$n\,\overset{1}{C}H_2=\overset{2}{C}H-\overset{3}{C}H=\overset{4}{C}H_2 \xrightarrow{1,2\text{付加}} \left[\overset{1}{C}H_2-\overset{2}{C}H(-\overset{3}{C}H=\overset{4}{C}H_2) \right]_n$$

✦重要! ジエン系ゴム

ジエンの付加重合により合成される。

$$n\,\overset{1}{C}H_2=\overset{2}{C}(X)-\overset{3}{C}H=\overset{4}{C}H_2 \xrightarrow[1,4\text{付加}]{\text{付加重合}} \left[\overset{1}{C}H_2-\overset{2}{C}(X)=\overset{3}{C}H-\overset{4}{C}H_2 \right]_n$$

−X
- $-CH_3$：**ポリイソプレン**
- −H：**ポリブタジエン**
- −Cl：**ポリクロロプレン**

ジエンの付加は1,4付加が最も起こりやすい。

それでは最後の問題文を確認していきましょう。

共重合系ゴム

(c)スチレンと1,3-ブタジエンを共重合して得られる(d)スチレン-ブタジエンゴムは，耐摩耗性に優れるため，自動車のタイヤなどに広く用いられている。高分子の骨格中に炭素-炭素の二重結合を含むゴム分子は，空気中の酸素や(e)オゾンの作用によって，化学構造が変化し，長時間の使用により，その弾性が失われていく。

2種類以上のモノマーの付加重合を**共重合**といいます。共重合によって合成されるゴムが共重合系ゴムです。共重合系ゴムの1つ，スチレン-ブタジエンゴム(以下SBR)について確認しましょう。

● **スチレン-ブタジエンゴム(SBR)**

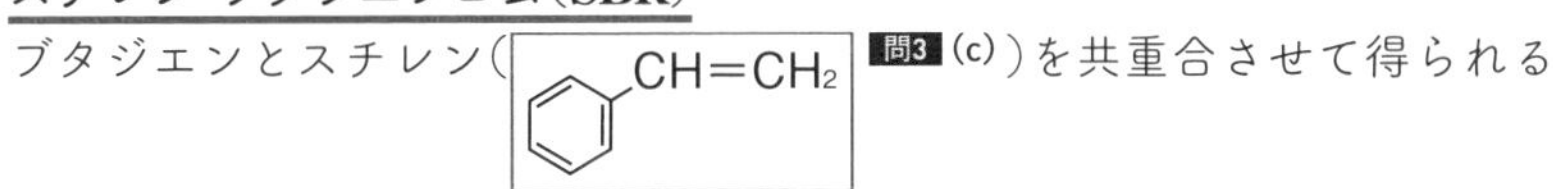

ブタジエンとスチレン(C_6H_5–CH=CH_2 問3(c))を共重合させて得られるゴムです。ベンゼン環が入ることで強度が大きいゴムになります。スチレンの割合が約25%のものは自動車のタイヤとして用いられています。

$$x\,CH_2{=}CH{-}CH{=}CH_2 + y\,H_2C{=}CH{-}C_6H_5 \xrightarrow{\text{共重合}} \cdots{-}\underbrace{CH_2{-}CH{=}CH{-}CH_2}_{\text{ブタジエン由来}}{-}\underbrace{CH_2{-}CH(C_6H_5)}_{\text{スチレン由来}}{-}\cdots$$

ブタジエン　　スチレン　　SBR

スチレンの割合は一定ではありません。合成するゴムの目的に応じてスチレンの割合を変えます。

✦**重要!** スチレン-ブタジエンゴム(SBR)

- **ブタジエンとスチレンを共重合させて合成！　強度に優れている！**
- **スチレンの割合が25%程度→自動車のタイヤ！**

それでは，下線部(d)に関する **問4** を確認しましょう。

> **問4** スチレン-ブタジエンゴムが2.00 gある。ゴム中に含まれるスチレンからなる構成単位とブタジエンからなる構成単位の物質量の割合は，スチレン単位が25.0 %である。このゴムに臭素(Br_2)を反応させると，ゴム中のブタジエン単位の二重結合とのみ反応した。ブタジエン単位の二重結合がこの反応により完全に消失したとき，消費された臭素の質量を求めよ。

SBRに含まれるC=C結合にBr_2を付加する問題です。

SBRがもつC=C結合はブタジエン由来のため，C=C結合の数はブタジエンの数と一致します。

$$\mathrm{C{=}C{-}C{=}C} \ + \ \mathrm{C{=}C}(\text{ベンゼン環}) \xrightarrow{\text{共重合}} \mathrm{-C-C{=}C-C-C-C}(\text{ベンゼン環})\mathrm{-}$$

（C=Cはブタジエン由来）

以上より，「**SBR〔mol〕：(付加する Br_2)〔mol〕=1：ブタジエンの数**」がつくる式です。

それでは問題の情報を整理しましょう。スチレンの割合が25％なので，ブタジエンは75％で，物質量比にすると以下のようになります。

ブタジエン(分子量54)〔mol〕：スチレン(分子量104)〔mol〕=3：1

よって，ブタジエン3 molとスチレン1 molからSBRが1 mol生成。そして，SBR 1 molには3 molのC=C結合が含まれるので，Br_2が3 mol付加します。

$$3\ \mathrm{CH_2{=}CH{-}CH{=}CH_2} + 1\ \mathrm{C{=}C}(\text{ベンゼン環}) \xrightarrow{\text{共重合}} 1\mathrm{SBR} \xrightarrow{\text{付加}} 3\ \mathrm{Br_2}$$

(分子量54)　(分子量104)　(C=C)×3　2.00 g　(分子量160)　x〔g〕

上記のように考えるとき，SBRの分子量は54×3+104=266と表すことができるため，付加するBr_2(分子量160)の質量をx〔g〕とすると以下の式が成立します。

$$\frac{2.00}{266} : \frac{x}{160} = 1 : 3 \qquad x \fallingdotseq 3.609 \qquad \boxed{3.61\,〔g〕}$$

✦重要！ SBRへの付加計算

- **SBR〔mol〕：(付加する Br_2 または H_2)〔mol〕=1：ブタジエンの数**

それでは下線部(e)に関する **問5** を確認しましょう。

問5 オゾンとポリブタジエンの反応を考える。オゾンは，アルケンと図2に示す反応により，オゾニドとよばれる不安定な物質を生成する。オゾニドは亜鉛などを用いて還元すると，カルボニル化合物に変換される。この反応をオゾン分解とよぶ。

$$\mathrm{R^1R^3C{=}CR^2R^4}\ (\text{アルケン}) \xrightarrow{O_3} \text{オゾニド} \xrightarrow{\text{還元剤}} \mathrm{R^1R^3C{=}O + O{=}CR^2R^4}$$

図2　アルケンのオゾン分解(R^1，R^2，R^3，R^4：炭化水素基または水素)

試料に用いるポリブタジエンは，1,2-付加により形成される繰り返し単位を含むが，ほとんどが1,4-付加により形成される構造からなり，1,2-付加により形成される繰り返し単位どうしが隣り合うことはないものとする。このポリブタジエンを完全にオゾン分解することで生じるすべてのカルボニル化合物を構造式で示せ。ただし，ポリブタジエンの分子量は十分に大きいものとし，高分子の鎖の末端から生成する化合物は無視してよい。また，立体異性体を区別して考える必要はない。

有機化学の反応がゴムに応用されています。少し不安を感じるかもしれませんが，落ち着いてゆっくりと進めていきましょう。（オゾニドの存在などを考える必要はありません。有機化学で扱ったように，C=C 結合を切って，O 原子をつければ生成物になります。）

まず，ほとんどが1,4-付加なので，次のように表すことができます。

$$\cdots-\overset{1}{C}-\overset{2}{C}=\overset{3}{C}-\overset{4}{C}-\overset{1}{C}-\overset{2}{C}=\overset{3}{C}-\overset{4}{C}-\cdots$$

これをオゾン分解すると，以下のようになります。

$$\cdots-\overset{1}{C}-\overset{2}{C}\,)\!\!=\!\!(\,\overset{3}{C}-\overset{4}{C}-\overset{1}{C}-\overset{2}{C}\,)\!\!=\!\!(\,\overset{3}{C}-\overset{4}{C}-\cdots$$

↓

$$\cdots-\overset{1}{C}-\overset{2}{C}=O\ \boxed{O=\overset{3}{C}-\overset{4}{C}-\overset{1}{C}-\overset{2}{C}=O}\ O=\overset{3}{C}-\overset{4}{C}-\cdots$$

（枠内：問5）

生成物は1種類になります。

次に，1,2-付加と 1,4-付加が隣り合っている部分を考えましょう。

```
          1,4 付加        1,2 付加        1,4 付加
      1   2   3   4    1    2    1   2   3   4
 …—C—C=C—C—C—C—C—C=C—C—…
                            |3  4
                            C=C
```

これをオゾン分解すると次のようになります。

```
      1   2   3   4   1   2   1   2   3   4
 …—C—C≠C—C—C—C—C—C≠C—C—…
                        |3  4
                        C≠C
                        ↓
       1   2       3   4   1   2   1   2          問5 3   4
 …—C—C=O  O=C—C—C—C—C—C=O  O=C—C—…
                            |3                 4  問5
                            C=O          O=C
```

解答

問1 **ア** シス　**イ** 硫黄　**ウ** 加硫　**エ** エボナイト

問2 空気を遮断して固体を加熱する操作。(17 字)

問3 (b) $CH_2=C(Cl)-CH=CH_2$　(c) $C_6H_5-CH=CH_2$

問4 3.61〔g〕

問5

$OHC-CH_2-CH_2-CHO$,　$HCHO$

$OHC-CH_2-CH_2-CH(CHO)-CH_2-CHO$

Theme 19

イオン交換樹脂

▶ 法政大学

[問題は別冊42ページ]

イントロダクション

この問題のチェックポイント

- ☑イオン交換樹脂に関する知識があるか
- ☑イオン交換樹脂の計算問題の立式がスムーズにできるか

イオン交換樹脂に関する問題です。陽イオン交換樹脂はアミノ酸の分離でも出題されます。しっかりと知識を確認しておきましょう。また，定番の計算問題に対応できるよう，練習しておきましょう。

解説

問題文を順にチェックしていきましょう。

イオン交換樹脂の合成

(a)スチレンと少量の*p*-ジビニルベンゼンを共重合させると合成樹脂が得られる。この合成樹脂中にスルホ基を導入したものは陽イオン交換樹脂，トリメチルアンモニウム基を導入したものは陰イオン交換樹脂(図1)とよばれる。

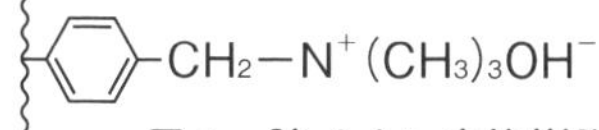

〰〰 は樹脂を構成する炭化水素の構造を模式的に示したもの

図1　陰イオン交換樹脂

スチレンと*p*-ジビニルベンゼン(約10%)を共重合させると，ベンゼン環をもつ網目状の高分子が得られます。

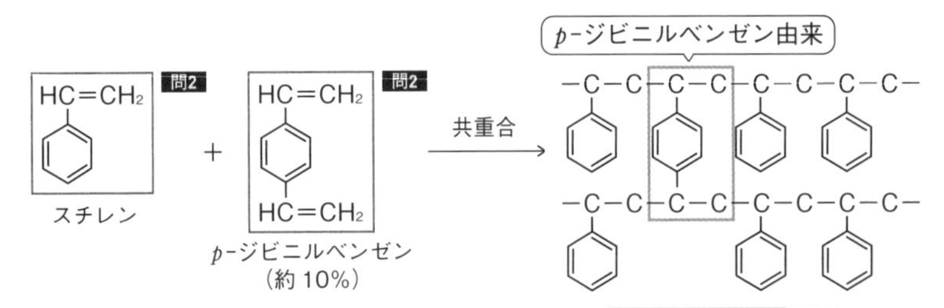

p-ジビニルベンゼンにより架橋構造ができ，**立体網目構造** 問3 の高分子化合物になります。

この高分子のベンゼン環に，置換反応で官能基-Xを導入するとイオン交換樹脂が得られます。

X置換

イオン交換樹脂

● **導入する官能基-X**

$-SO_3H$（または$-COOH$）➡ 陽イオン交換樹脂

$-CH_2N^+(CH_3)_3OH^-$ ➡ 陰イオン交換樹脂

> **陽イオン交換樹脂の機能**
>
> (b)陽イオン交換樹脂を詰めた円筒に塩化ナトリウム水溶液を通すと，樹脂中の[　ア　]イオンと水溶液中の[　イ　]イオンが交換される。

イオン交換樹脂に電解質水溶液を流し込むと，樹脂のイオンと水溶液中の同符号のイオンが入れ替わります。

● **陽イオン交換樹脂**

陽イオン交換樹脂(R－SO_3H)に NaCl 水溶液を流し込むと，樹脂の 水素 問1 ア イオンH^+と水溶液中の ナトリウム 問1 イ イオンNa^+が交換され，塩酸が流出します。

$$R-SO_3H + NaCl \rightleftarrows R-SO_3Na + HCl$$

この反応は可逆なので，**使用後の陽イオン交換樹脂に希塩酸などを流し込むと，元の状態に再生できます**。

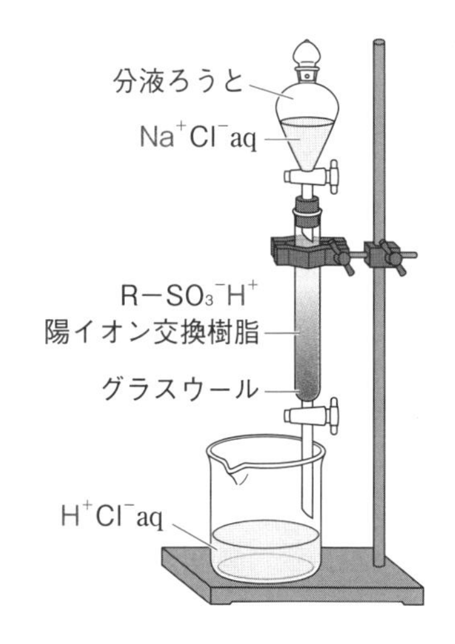

それでは，陽イオン交換樹脂に関する **問4** を確認しましょう。

> **問4** 陽イオン交換樹脂の合成過程において，ベンゼン環にスルホ基を導入する反応をスルホン化という。その基本となるベンゼンのスルホン化を化学反応式で記せ。

ベンゼンのスルホン化は以下のような化学反応式で表すことができます。
(➡ テーマ6 ベンゼン ✦重要! ベンゼンの反応 p.63)

$$C_6H_6 + H_2SO_4 \longrightarrow C_6H_5SO_3H + H_2O$$

次に，下線部(b)に関する **問5** を確認しましょう。

> **問5** 下式は下線部(b)における変化を化学反応式で示したものである。空欄A～Eに適切な化学式を記せ。なお，空欄AとDは，図1にならって記せ。
>
> ～C₆H₄－[A] ＋ [B] ＋ [C] ⟶ ～C₆H₄－[D] ＋ [E] ＋ [C]

先述の反応式を例に従ったイオンを明記した形で答えていきましょう。

$$R-SO_3H + NaCl \rightleftarrows R-SO_3Na + HCl$$

⬇

$$R-\boxed{SO_3^-H^+}^{A} + \boxed{Na^+}^{B} + \boxed{Cl^-}^{C} \rightleftarrows R-\boxed{SO_3^-Na^+}^{D} + \boxed{H^+}^{E} + \boxed{Cl^-}^{C}$$

✦重要！ 陽イオン交換樹脂

- **スチレンと *p*-ジビニルベンゼン※からなる共重合体のベンゼン環に置換反応で $-SO_3H$ または $-COOH$ を導入したもの！**
  ※立体網目構造にするため，約10%加える。
- **「樹脂中の H^+」と「水溶液中の陽イオン」が交換される！**
- **使用後，酸の水溶液を流し込むと再生可能!!**

陰イオン交換樹脂の機能

一方，陰イオン交換樹脂を用い，塩化ナトリウム水溶液を通すと，樹脂中の［ **ウ** ］イオンと水溶液中の［ **エ** ］イオンが交換される。

- **陰イオン交換樹脂**

陰イオン交換樹脂($R-CH_2N^+(CH_3)_3OH^-$)に NaCl 水溶液を流し込むと，樹脂の［水酸化物］問1 ウ イオン OH^- と水溶液中の［塩化物］問1 エ イオン Cl^- が交換され，NaOH 水溶液が流出します。

$$R-CH_2N^+(CH_3)_3OH^- + NaCl \rightleftarrows R-CH_2N^+(CH_3)_3Cl^- + NaOH$$

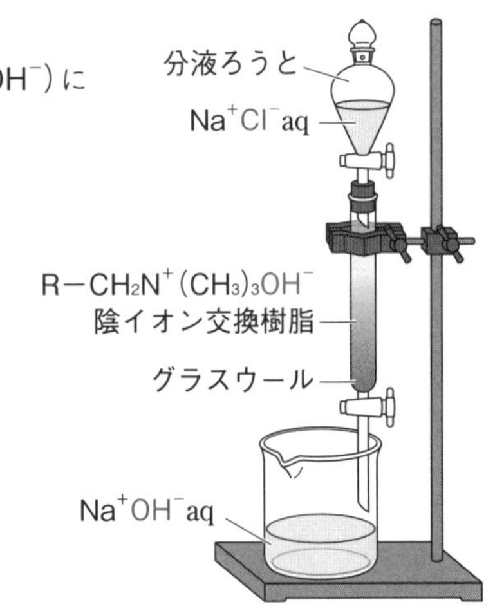

陽イオン交換樹脂と同様に，この反応は可逆なので，使用後の陰イオン交換樹脂に NaOH 水溶液などを流し込むと，元の状態に再生できます。

参考 陰イオン交換樹脂

- スチレンとp-ジビニルベンゼンからなる共重合体のベンゼン環に置換反応で$(-CH_2N^+(CH_3)_3OH^-)$を導入したもの！
- 「樹脂中のOH^-」と「水溶液中の陰イオン」が交換される！
- 使用後，塩基の水溶液を流し込むと再生可能!!

イオン交換樹脂の利用

これら二種類のイオン交換樹脂を適切に組み合わせることで，塩化ナトリウム水溶液から塩類を含まない水が得られる。この水を［ オ ］という。

イオン交換樹脂の利用には，次のようなものがあります。

- **脱イオン水(イオン交換水)の製造**

NaCl水溶液を陽イオン交換樹脂と陰イオン交換樹脂に通じると，水溶液中の陽イオンはH^+に，陰イオンはOH^-に換わるため，純水が得られます。(右図)

このような純水を［脱イオン水(イオン交換水)］問1 オといいます。

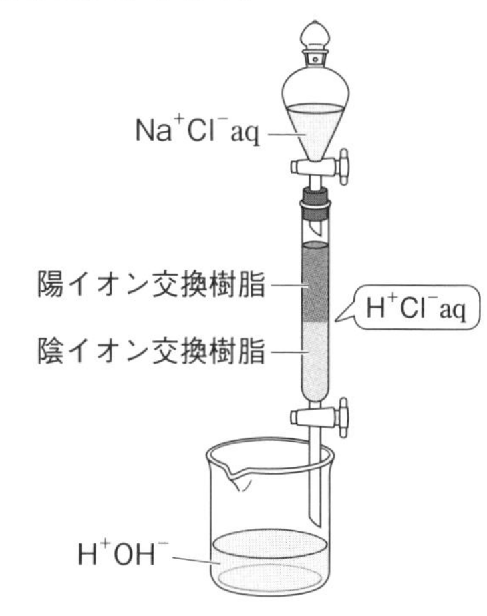

- **その他**

アミノ酸の分離(➡ テーマ12 ✦重要！陽イオン交換樹脂を使った実験 p.118)，廃水などに含まれる有害金属イオンの処理などがあります。

✦重要！ イオン交換樹脂の利用

- 海水などを陽イオン交換樹脂と陰イオン交換樹脂に通じる
  ➡ 脱イオン水(イオン交換水)!!

それでは，イオン交換樹脂の計算問題を確認していきましょう。

> **問6** 陽イオン交換樹脂を詰めた円筒に 0.100 mol/L の塩化ナトリウム水溶液 20.0 mL を通し，完全にイオン交換を行った。さらに十分な量の［　オ　］を通し，合計 200 mL の溶液を得た。この溶液の pH を小数第 1 位まで求めよ。

交換される Na^+ の物質量は以下のようになります。

$$0.100 \times \frac{20.0}{1000} \times 1 = 2.00 \times 10^{-3}\ \mathrm{mol}$$

これと等量(2.00×10^{-3} mol)の H^+ が流出液に含まれます。脱イオン水を加えて全体の体積を 200 mL にしているので，流出液の H^+ のモル濃度は次のように表すことができます。

$$\frac{2.00 \times 10^{-3}}{\frac{200}{1000}} = \underline{1.00 \times 10^{-2}\ \mathrm{mol/L}}$$

以上より，pH は **2.0** とわかります。

解答

問1 ア　水素　　イ　ナトリウム　　ウ　水酸化物
エ　塩化物　　オ　脱イオン水(イオン交換水)

問2 スチレン：$C_6H_5-CH=CH_2$　　*p*-ジビニルベンゼン：$CH_2=CH-C_6H_4-CH=CH_2$

問3 ④

問4 $C_6H_6 + H_2SO_4 \longrightarrow C_6H_5SO_3H + H_2O$

問5 A　$SO_3^-H^+$　　B　Na^+　　C　Cl^-
D　$SO_3^-Na^+$　　E　H^+

問6 2.0

Theme 20

ナイロン

▶ 群馬大学

[問題は別冊44ページ]

イントロダクション

この問題のチェックポイント

- ☑代表的なナイロンのモノマー，合成方法が答えられるか
- ☑ナイロンの合成実験が頭に入っているか

ナイロンに関する問題です。代表的な合成高分子化合物について，必要なモノマー，重合方法は頭に入れておきましょう。また，本問を通じてナイロンの合成実験も確認しておきましょう。

解説

問題文を順に確認していきましょう。

> **ナイロン6の合成方法**
>
> ナイロン6(a)は，環状構造のモノマーXに少量の水を加えて加熱して得られる。このように，環状構造の単量体から鎖状の高分子ができる重合を［ ア ］重合とよぶ。

ナイロン6は環状構造の［**ε-カプロラクタム**］問3 X に少量の水を加えて加熱すると得られます。このような環状構造の単量体から鎖状の高分子ができる重合を［**開環**］問1 ア重合といいます。

$$n\ H_2C\begin{matrix} CH_2-CH_2-C=O \\ \qquad\qquad\quad \vert \\ CH_2-CH_2-N-H \end{matrix} \xrightarrow[\text{開環重合}]{+H_2O} \left[\begin{matrix} C-(CH_2)_5-N \\ \Vert \qquad\qquad\quad \vert \\ O \qquad\qquad\quad H \end{matrix}\right]_n$$

問3 X：ε-カプロラクタム　　問2：ナイロン6

✦重要！ ナイロン6

- **モノマーは「ε-カプロラクタム」！**
- **重合の種類は「開環重合」!!**

ちなみに，ε-カプロラクタムの「ε」はα-アミノ酸の「α」と同じで，$-NH_2$ 基の場所を表しています。また，「ラクタム」は環状のアミドを表しています。

$$\begin{array}{l}\quad\ \ \beta\quad\ \alpha\\ \ \ /C-C-COOH\\ \gamma C\\ \ \ \backslash C-C-NH_2\\ \quad\ \ \delta\quad\ \varepsilon\end{array}\longrightarrow\begin{array}{l}\quad\ \ \beta\quad\ \alpha\\ \ \ /C-C-C=O\\ \gamma C\qquad\quad\ |\\ \ \ \backslash C-C-N-H\\ \quad\ \ \delta\quad\ \varepsilon\end{array}$$

ε-カプロラクタム

> **ナイロン66の合成方法**
> b ナイロン66は，アジピン酸とモノマーYの混合物を加熱しながら，生成する［ イ ］を除去すると得られる。このように，［ イ ］などの簡単な分子が取れて鎖状の高分子が生成する重合を［ ウ ］重合とよぶ。

ナイロン66は，アジピン酸と［ヘキサメチレンジアミン］問3 Y の混合物を加熱しながら，生成物の［水］問1 イ を除去すると得られます。このように，簡単な分子が取れて重合していくことを［縮合］問1 ウ 重合といいます。

$$n\,HOOC-(CH_2)_4-COOH \quad + \quad n\,\boxed{H_2N-(CH_2)_6-NH_2}$$ 問3 Y

アジピン酸　　　ヘキサメチレンジアミン

$$\xrightarrow{\text{縮合重合}} \boxed{\left[\begin{array}{l}C-(CH_2)_4-C-N-(CH_2)_6-N\\ \|\qquad\qquad\quad\ \|\quad\ |\qquad\qquad\quad\ |\\ O\qquad\qquad\quad\ O\quad H\qquad\qquad\quad H\end{array}\right]_n} \quad + \quad 2n\,H_2O$$ 問2

ナイロン66

✦重要！ ナイロン66

- モノマーは「アジピン酸」と「ヘキサメチレンジアミン」！
- 重合の種類は「縮合重合」!!

アラミド繊維

ナイロン66のメチレン鎖の部分を［　エ　］に置き換えたポリ(*p*-フェニレンテレフタルアミド)は，代表的な［　オ　］繊維の一つである。この繊維は，ナイロン66よりもさらに強度や耐久性に優れるため，消防士の服や防弾チョッキに使われている。

芳香族のジカルボン酸と芳香族のジアミンを縮合重合させて得られる芳香族のポリアミドを［アラミド］問1 オ繊維といいます。［ベンゼン環］問1 エをもつため，丈夫な繊維で防弾チョッキなどに利用されています。

$$n\,\mathrm{Cl{-}CO{-}C_6H_4{-}CO{-}Cl} + n\,\mathrm{H_2N{-}C_6H_4{-}NH_2}$$

テレフタル酸ジクロリド　　*p*-フェニレンジアミン

$$\xrightarrow{\text{縮合重合}} \left[\mathrm{CO{-}C_6H_4{-}CO{-}NH{-}C_6H_4{-}NH}\right]_n + 2n\,\mathrm{HCl}$$

ポリ(*p*-フェニレンテレフタルアミド)
(アラミド繊維の一つ)

ナイロン 66 の合成実験

実験室でナイロン 66 の繊維を得るには，界面重合が適している。この重合は，アジピン酸のかわりにアジピン酸ジクロリドを用いて，下記のように行われる。

操作① 50 mL の溶媒 A に，1 g の炭酸ナトリウムと 1 g のモノマーY を加え，よくかき混ぜる。

操作② 10 mL の溶媒 B に，1 mL のアジピン酸ジクロリドを溶かす。

操作③ 操作①で得られた溶液の上に，操作②で得られた溶液を静かに注ぐ。

操作④ 界面(境界面)にできた膜をピンセットで静かに引き上げ，ガラス棒に巻きつける。

操作⑤ 得られた糸をアセトンで洗い，乾燥させる。

操作を順に確認していきましょう。

操作①

溶媒 A に炭酸ナトリウム Na_2CO_3 とモノマーY(ヘキサメチレンジアミン)を加えます。

Na_2CO_3 はイオン結晶なので，溶媒 A は 水 問4 A だと判断できます。

操作②

溶媒 B にアジピン酸ジクロリド $ClOC-(CH_2)_4-COCl$ を溶解させています。芳香族化合物を溶解させているので，溶媒 B は無極性溶媒の ヘキサン 問4 B が適当だと判断できます。

操作③

操作①の溶液に**操作②**の溶液を注ぎます。

アジピン酸ジクロリドとヘキサメチレンジアミンが界面で出会い，反応が起こります。このとき，次の反応により HCl が生成します。

$$n\,\mathrm{ClOC{-}(CH_2)_4{-}COCl} + n\,\mathrm{H_2N{-}(CH_2)_6{-}NH_2} \longrightarrow \left[\begin{array}{c} \mathrm{C{-}(CH_2)_4{-}C{-}N{-}(CH_2)_6{-}N} \\ \| \quad\quad\quad\quad \| \quad | \quad\quad\quad\quad | \\ \mathrm{O} \quad\quad\quad\quad \mathrm{O} \quad \mathrm{H} \quad\quad\quad\quad \mathrm{H} \end{array}\right]_n + 2n\,\mathrm{HCl}$$

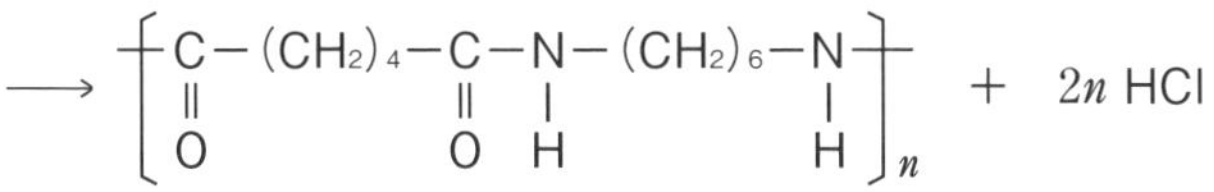

生成物の HCl を弱酸遊離反応で取り除いて，縮合重合を促進させるために Na_2CO_3 を加えます。

$$Na_2CO_3 + 2HCl \longrightarrow 2NaCl + H_2O + CO_2$$

操作④

界面にできた膜をピンセットで静かに引き上げ，ガラス棒に巻き付けます。界面にできるのは，目的のナイロン 66 です。

操作⑤

得られた糸をアセトンで洗い，乾燥させます。

✦重要！ ナイロン 66 の合成

実験室で合成するときはアジピン酸ジクロリドを使う！

解答

問1 ア　開環　　イ　水　　ウ　縮合　　エ　ベンゼン環
オ　アラミド

問2 ナイロン 6：

$$\left[\begin{array}{c} \mathrm{C{-}(CH_2)_5{-}N} \\ \| \quad\quad\quad | \\ \mathrm{O} \quad\quad\quad \mathrm{H} \end{array}\right]_n$$

ナイロン 66：

$$\left[\begin{array}{c} \mathrm{C{-}(CH_2)_4{-}C{-}N{-}(CH_2)_6{-}N} \\ \| \quad\quad\quad\quad \| \quad | \quad\quad\quad\quad | \\ \mathrm{O} \quad\quad\quad\quad \mathrm{O} \quad \mathrm{H} \quad\quad\quad\quad \mathrm{H} \end{array}\right]_n$$

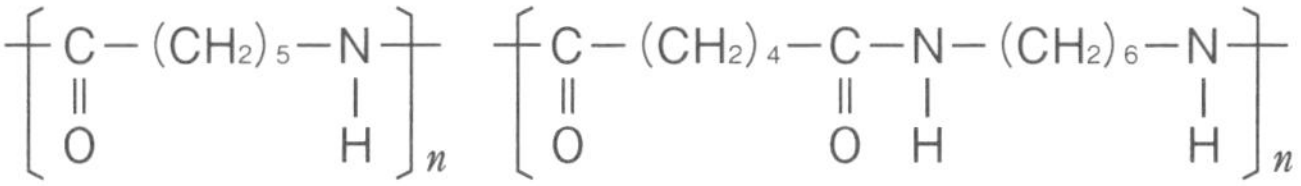

問3 X　名称：ε-カプロラクタム　　構造：

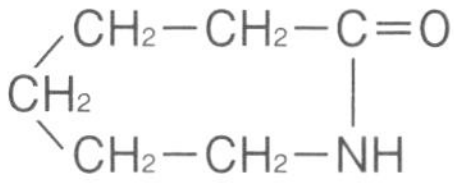

$$\begin{array}{l} \quad \mathrm{CH_2{-}CH_2{-}C{=}O} \\ \mathrm{CH_2} \quad\quad\quad\quad\quad | \\ \quad \mathrm{CH_2{-}CH_2{-}NH} \end{array}$$

Y　名称：ヘキサメチレンジアミン
構造：$\mathrm{H_2N{-}(CH_2)_6{-}NH_2}$

問4 A　⑤　　B　④

それでは最後に，本問で扱っていないポリエステルについて確認しておきましょう。

✦重要！ ポリエステル

- モノマーどうしが縮合重合によってエステル結合で結びついてできる高分子
- 分子内にエステル結合を多数もつことからポリエステルという。
- 吸湿性が小さいため，乾きが早く，型崩れしにくい。

● **ポリエチレンテレフタラート（PET）**

モノマー：テレフタル酸　$HOOC-C_6H_4-COOH$

　　　　　エチレングリコール　$HO-(CH_2)_2-OH$

$$n\,HOOC-C_6H_4-COOH \;+\; n\,HO-(CH_2)_2-OH$$

テレフタル酸　　　　エチレングリコール

$$\xrightarrow{\text{縮合重合}} \left[\underset{\underset{O}{\|}}{C}-C_6H_4-\underset{\underset{O}{\|}}{C}-O-(CH_2)_2-O \right]_n + 2n\,H_2O$$

PET

坂田　薫（さかた　かおる）
オンライン予備校「スタディサプリ」講師。
オンライン学習サービス「スタディサプリ大学受験講座」では、化学＜理論編＞＜無機編＞＜有機編＞、共通テスト対策講座「化学基礎」「化学」を担当し、大手予備校でも講義を受け持つ。ていねいでわかりやすい本格的講義で受講生からの人気も非常に高い。
著書に『坂田薫の　1冊読むだけで化学の基本＆解法が面白いほど身につく本』『坂田薫の　化学　たいせつポイント超整理』（以上、KADOKAWA）、『坂田薫の　スタンダード化学―理論化学編』（技術評論社）、『坂田薫の化学基礎が驚くほど身につく25講』（文英堂）などがある。

大学入試問題集
坂田薫の有機化学ポラリス［1　標準レベル］

2023年10月2日　初版発行

著者／坂田　薫

発行者／山下 直久

発行／株式会社KADOKAWA
〒102-8177　東京都千代田区富士見2-13-3
電話　0570-002-301（ナビダイヤル）

印刷所／大日本印刷株式会社
製本所／大日本印刷株式会社

ISBN 978-4-04-606189-8　C7043

大学入試問題集

坂田薫の有機化学

ポラリス ✦ POLARIS

1

標準レベル

【別冊】問題編

坂田薫 著

別冊は、本体にこの表紙を残したまま、ていねいに抜き取ってください。
なお、別冊の抜き取りの際の損傷についてのお取り替えはご遠慮願います。

坂田薫の

有機化学

ポラリス ✦ POLARIS 1

標準レベル

【別冊】問題編

坂田薫 著

別冊もくじ

元素分析

▶ 金沢大学

［解説・解答は本冊12ページ］

次の文を読んで，以下の問いに答えなさい。ただし，原子量はH＝1.0，C＝12，O＝16とする。

炭素，水素，酸素のみからなる分子量300以下の有機化合物A 21.9 mgを完全燃焼させると，二酸化炭素52.8 mgと水13.5 mgが得られた。

問1 有機化合物Aの分子式を書け。

問2 下線部の操作を次の図のような実験装置を用いて行った。(1)，(2)に答えよ。

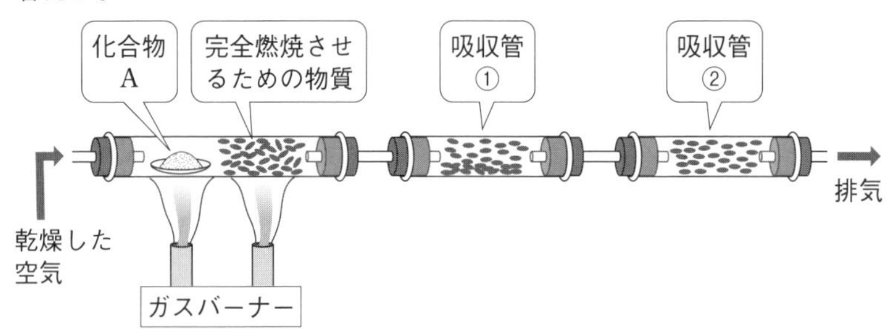

(1) 吸収管①，および吸収管②に充填されている物質名を次の化合物群から選べ。
［酸化銀　ソーダ石灰　酸化亜鉛　塩化カルシウム
　チオ硫酸ナトリウム］

(2) 充填された吸収管①と吸収管②の順序を，逆にしてはならない。その理由を55字以内で説明せよ。

MEMO

○ 55 字用原稿用紙

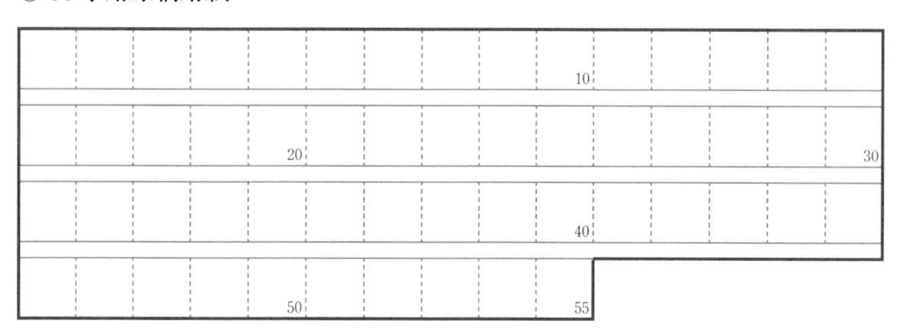

炭化水素

▶ 秋田大学

[解説・解答は本冊19ページ]

次の文章を読み，以下の問いに答えなさい。ただし，構造式は右の例にならって記せ。

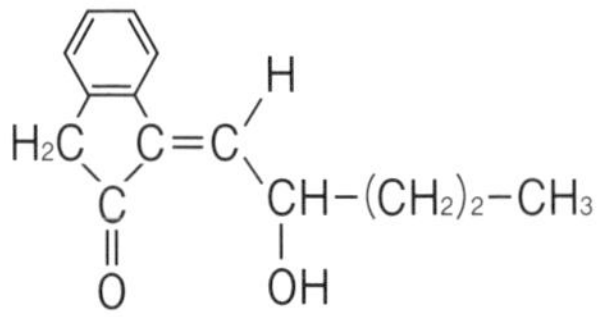

炭化水素は炭素原子間の結合のしかたによって分類され，すべてが単結合のものを飽和炭化水素，二重結合や三重結合を含むものを不飽和炭化水素という。不飽和炭化水素のうち，二重結合を1つ含むものを$_{\text{a}}$<u>アルケン</u>という。アルケンは実験室ではアルコールの［ア］反応によって得られる。$_{\text{b}}$<u>炭素数4個以上のアルケンには構造異性体のほかに，立体異性体であるシス−トランス異性体が存在する</u>。また，アルケンのような二重結合を含む有機化合物は，ある特定の反応条件により分子間で連続的に付加反応が進み，高分子化合物が生成される。例えば，エチレンは付加重合によりポリエチレンに，$_{\text{c}}$<u>塩化ビニル</u>は付加重合によりポリ塩化ビニルになる。

不飽和炭化水素のうち，三重結合を1つ含むものをアルキンという。代表的な化合物としてアセチレンがある。実験室では$_{\text{d}}$<u>炭化カルシウムに水を加えると得られる</u>。アセチレンは塩素や臭素と室温で付加反応し，適当な触媒を用いると水素や$_{\text{e}}$<u>水とも付加反応する</u>。さらに，赤熱した鉄に接触させると3分子のアセチレンが重合し，［イ］が得られる。

問1 ［ア］に入る最も適切な語を記せ。

問2 ［イ］に入る化合物の名称と構造式を記せ。

問3 下線部aのアルケンの説明について正しいものを次の①～⑤から1つ選び，番号で答えよ。

① アルケンの二重結合の原子間距離は，アルカンの炭素原子間の結合距離と等しい。
② アルケンの二重結合でつながれた炭素原子とこれらに直接結合する4個の原子は，すべて同一平面上にある。
③ アルケンは塩化鉄(Ⅲ)水溶液と反応し，青や紫などの特有の呈色反応を示す。
④ アルケンの二重結合は還元されやすく，過マンガン酸カリウムと反応する。
⑤ アルケンは工業的にナフサの重合反応で得られる。

問4 下線部bに関連して，分子式C_4H_8で表されるアルケンの異性体について，構造式をすべて記せ。

問5 下線部cの塩化ビニルの合成法として，エチレンを出発原料とするものとアセチレンを出発原料とするものがある。それぞれの反応式を構造式を用いて記せ。

問6 下線部dのアセチレンが発生する反応式を記せ。

問7 下線部eの反応式は次式で表される。空欄の［X］，［Y］に入る最も適する化合物の名称と構造式を記入せよ。

$$H{-}C{\equiv}C{-}H \quad + \quad H_2O \xrightarrow{\text{触媒}} \boxed{\quad X \quad} \longrightarrow \boxed{\quad Y \quad}$$

（X：不安定）

アルコール

▶ 岐阜大学

[解説・解答は本冊30ページ]

次の文章を読み，以下の問いに答えよ。ただし，原子量は H＝1.0，C＝12，O＝16 とする。

炭素，水素，酸素からなる化合物 A～D は，いずれも同じ分子式で表される化合物である。これらの化合物の構造を調べる目的で，**実験 1～6** を行い，その結果を表にまとめた。

［**実験 1**］ 化合物 A を 3.70 mg 秤量し，元素分析装置で完全に燃焼させると，二酸化炭素 8.80 mg，水 4.50 mg が生じた。また，分子量測定を行ったところ，化合物 A の分子量は 74 であった。

［**実験 2**］ (a)化合物 A～D をそれぞれ別の試験管にとり，米粒大の金属ナトリウムを入れたところ，いずれも水素の発生が確認できた。

［**実験 3**］ 化合物 A～D をそれぞれ別の試験管にとり，銅線を加熱して得た酸化銅を熱いうちに試験管内に導入した。この操作を数回繰り返したのち，試験管内にアンモニア性硝酸銀水溶液を加えて約 60℃ の水浴内で加熱した。しばらくするといくつかの(b)試験管の内壁に銀鏡が観察された。

［**実験 4**］ 化合物 B～D をそれぞれ別の試験管にとり，濃硫酸を加えて加熱すると脱水反応が進み，分子式 C_4H_8 で表される異なる化合物 E～G が得られた。化合物 E～G はいずれも気体であり，適した方法を用いて捕集した。化合物 F は 2 種類の立体異性体の混合物であった。

［**実験 5**］ 化合物 E～G をそれぞれ別の試験管にとり，臭素水を加えてよく振り混ぜるといずれの試験管の溶液も臭素の赤褐色が消失し，無色となった。

［**実験 6**］ ヨウ素ヨウ化カリウム水溶液の入った試験管を 4 本用意し，化合物 A～D をそれぞれ数滴加えてよく振り混ぜた。次に，その試験管に 2 mol/L の水酸化ナトリウム水溶液を加えてよく振り混ぜたところ，化合物 D では特有の臭気をもつ黄色沈殿が生じた。

［実験結果］

	化合物 A	化合物 B	化合物 C	化合物 D	化合物 E	化合物 F	化合物 G
［実験 2］水素の発生	○	○	○	○			
［実験 3］銀鏡の生成	○	○	×	×			
［実験 4］新たに得られた化合物		E	E	F，G			
［実験 5］赤褐色の消失					○	○	○
［実験 6］黄色沈殿の生成	×	×	×	○			

○：確認できた　　×：確認できなかった

問1 下線部(a)において，化合物 A と金属ナトリウムの反応を化学反応式で示せ。

問2 化合物 B～G の構造式を示せ。また，不斉炭素原子をもつ化合物の場合には，不斉炭素原子を○で囲め。化合物 F については 2 種類の立体異性体を示せ。

問3 下線部(b)の結果から，化合物 A が銅線によって変化したと考えられる化合物 H の構造式を示せ。

アルデヒド・ケトン

▶ 埼玉大学

［解説・解答は本冊41ページ］

次の文章を読み，以下の問いに答えよ。ただし，原子量は H＝1.0，C＝12，O＝16 とする。

アルケンの二重結合の位置の決定には，オゾン O_3 による酸化反応が用いられる。下図に示すように，アルケンを低温でオゾンと反応させたあと，亜鉛で還元すると，二重結合が開裂して 2 種類のカルボニル化合物が得られる。

$$\mathrm{(R^1)(R^2)C{=}C(R^3)(R^4)} \xrightarrow{O_3} \xrightarrow{Zn} \mathrm{(R^1)(R^2)C{=}O} + \mathrm{O{=}C(R^3)(R^4)}$$

この反応をオゾン分解という。

ベンゼン環をもち，炭素と水素のみからなるアルケン A のオゾン分解を行ったところ，化合物 B と化合物 C のみが得られた。B をアンモニア性硝酸銀溶液に加えて加熱すると銀の微粒子が析出したが，B をフェーリング液に加えて加熱しても，赤色沈殿は確認されなかった。また，B は徐々に空気酸化され，化合物 D が生成した。D の分子量は 122 であり，その元素分析による成分元素の質量百分率は，炭素 68.8 %，水素 5.0 %，酸素 26.2 % であった。

C の分子量は 100 以下であり，16.2 mg の C を完全燃焼させたところ，二酸化炭素が 41.4 mg，水が 16.8 mg 得られた。また，C の還元反応では第二級アルコールが得られる。一方，C に過剰量のヨウ素と水酸化ナトリウム水溶液を加えて加熱したところ，ヨードホルムは生成しなかった。

問1 化合物Cの分子式を求めよ。計算過程も示せ。

問2 化合物A, B, Cを構造式で書け。

問3 ある官能基を有する化合物に対して，下線部の操作を行うと，ヨードホルムが生成する。この官能基の構造を2つ書け。

エステル

▶ 千葉大学

[解説・解答は本冊49ページ]

次の文章を読み，以下の問いに答えよ。ただし，原子量はH＝1.0，C＝12，O＝16とする。

分子式がすべて$C_4H_8O_2$で表される4種類のエステルE_1〜E_4について以下の**実験**を行い，得られた結果を下図のようにまとめた。

[**実験1**]　エステルE_1〜E_4を加水分解すると以下のとおり，4種類のアルコール(A_1〜A_4)と3種類のカルボン酸(B_1〜B_3)が得られた。エステルE_1からはA_1とB_1が，エステルE_2からはA_2とB_2が，エステルE_3からはA_3とB_3が，エステルE_4からはA_4とB_3が得られた。

[**実験2**]　アルコールA_1，A_2，A_3を酸化すると，それぞれW，X，Yに変化し，さらに酸化すると，それぞれカルボン酸B_3，B_2，B_1へと変化した。W，X，Yおよび①カルボン酸B_3は還元性をもっていた。

[**実験3**]　アルコールA_4を酸化するとケトンZが得られた。②ケトンZは［　ア　］の乾留によっても，得ることができる。

図

$$E_1 \xrightarrow{\text{加水分解}} A_1 + B_1 \qquad A_1 \xrightarrow{\text{酸化}} W \xrightarrow{\text{酸化}} B_3$$

$$E_2 \xrightarrow{\text{加水分解}} A_2 + B_2 \qquad A_2 \xrightarrow{\text{酸化}} X \xrightarrow{\text{酸化}} B_2$$

$$E_3 \xrightarrow{\text{加水分解}} A_3 + B_3 \qquad A_3 \xrightarrow{\text{酸化}} Y \xrightarrow{\text{酸化}} B_1$$

$$E_4 \xrightarrow{\text{加水分解}} A_4 + B_3 \qquad A_4 \xrightarrow{\text{酸化}} Z$$

問1 エステル E_1～E_4 の構造式を書け。

問2 下線部①について，カルボン酸 B_3 の構造式を示し，カルボン酸 B_3 が還元性をもつ理由を 20 字以内で説明せよ。

問3 [ア] に適切な化合物の名称を書き，下線部②の反応を化学反応式で示せ。

問4 ある質量のエステル E_1 を完全に加水分解し，得られたカルボン酸 B_1 とエステル E_4 の加水分解で得られたアルコール A_4 とを用いて新たなエステル E_5 を合成したところ，得られたエステル E_5 の質量は，反応に用いたエステル E_1 よりも 1.4 g 大きかった。反応に用いたエステル E_1 の質量を有効数字 2 桁で求めよ。計算過程も示せ。ただし，すべての反応は完全に進行したものとする。

○ 20 字用原稿用紙

									10					
				20										

[解説・解答は本冊57ページ]

次の文を読み，以下の問いに答えよ。

分子式がC_8H_{10}である芳香族化合物には4つの異性体A，B，C，Dが存在する。Aを硫酸酸性の過マンガン酸カリウム水溶液で酸化すると，ジカルボン酸Eになり，Eは加熱すると分子内で水1分子がとれてFになる。Bを同様に酸化すると，ジカルボン酸Gを生じる。Dも同様に酸化すると，安息香酸になる。また，Gを［ i ］と縮合重合させると［ ii ］を生じる。［ ii ］はペットボトルの製造に用いられる。

問1 化合物A，B，C，Dの構造式を書け。

問2 ［ i ］，［ ii ］にあてはまる化合物名を記せ。

問3 化合物E，F，Gの構造式を書け。

MEMO

フェノール

▶ 岐阜大学

[解説・解答は本冊65ページ]

次の文を読み，以下の問いに答えよ。

フェノールの工業的製法は，次のようなものである。ベンゼンとプロペン(プロピレン)から触媒の存在下で化合物Aをつくり，これを触媒の存在下で酸素で酸化して化合物Bに変えたのち，希硫酸で分解することで，副生成物である化合物Cとともにフェノールが得られる。

フェノールはさまざまな化学薬品の原料として広く用いられている。例えば，熱硬化性樹脂である①フェノール樹脂，染料として用いられている②*p*-ヒドロキシアゾベンゼン(*p*-フェニルアゾフェノール)，解熱鎮痛薬として用いられている③アセチルサリチル酸，湿布薬として用いられている④サリチル酸メチルなどがあげられる。

ベンゼン $\xrightarrow[\text{触媒}]{CH_3CH=CH_2}$ [A] $\xrightarrow[\text{触媒}]{O_2}$ [B] $\xrightarrow{H_2SO_4}$ フェノール(OH) ＋ [C]

問1 化合物A～Cの構造式をそれぞれ示せ。

問2 下線部①のフェノール樹脂は，次のように合成される。フェノールは，酸を触媒として[ア]と反応することにより，中間生成物であるノボラックとなる。これに硬化剤を加えて加熱すると，三次元網目構造をもったフェノール樹脂となる。

フェノール(OH) $\xrightarrow[\text{酸触媒}]{\text{ア}}$ ノボラック $\xrightarrow[\text{加熱}]{\text{硬化剤}}$ フェノール樹脂

(1) [ア]の構造式を示せ。

(2) フェノール3分子が反応して生成するノボラックの構造式を示せ。また，これがさらに反応してフェノール樹脂となるとき，反応が起こりやすい箇所すべてに，右の例にならって○をつけよ。

(例)

問3 下線部②の合成において，フェノールを水酸化ナトリウムと反応させ，ナトリウムフェノキシドを合成したのち，5℃以下で［　イ　］と反応させた。

フェノール（OH） —NaOH→ —［　イ　］→ *p*-ヒドロキシアゾベンゼン
（*p*-フェニルアゾフェノール）

(1)　［　イ　］の構造式を示せ。

(2)　*p*-ヒドロキシアゾベンゼンの構造式を示せ。

(3)　この反応で *p*-ヒドロキシアゾベンゼン 100g を合成するには，フェノールは何 g 必要となるかを答えよ。ただし，各反応は完全に進行するものとする。

問4 フェノールを水酸化ナトリウムと反応させ，二酸化炭素を高温・高圧下で反応させたのち，酸で処理することにより化合物 D を合成した。さらに，酸を触媒として［　ウ　］と反応させることにより，下線部③のアセチルサリチル酸を合成した。また，化合物 D をメタノールに溶解し，濃硫酸を加えて加熱することで下線部④のサリチル酸メチルを合成した。

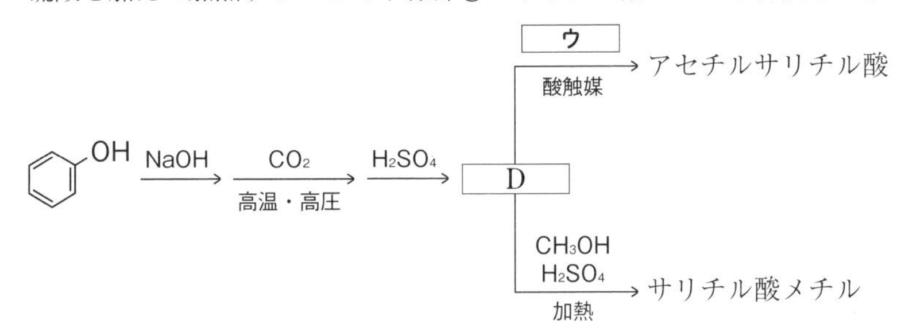

(1)　化合物 D の構造式を示せ。

(2)　［　ウ　］の物質名を答えよ。

(3)　化合物 D からサリチル酸メチルを合成する反応の反応名を答えよ。

問5 次に示す(a)～(d)のそれぞれの水溶液に塩化鉄(Ⅲ)水溶液を加えたとき，赤紫～紫に呈色するものには○を，呈色しないものには×を記せ。

(a)　ベンゼン　　(b)　フェノール　　(c)　アセチルサリチル酸

(d)　サリチル酸メチル

Theme 8

アニリン

▶ 群馬大学

[解説・解答は本冊75ページ]

次の文章を読んで，以下の問いに答えよ。なお，構造式は右の例にならって記せ。

（例）

$CH_3CH_2-C(=O)-N(H)-C_6H_3(CH_3)-O^-K^+$

アンモニアの水素原子を芳香族炭化水素基で置き換えた化合物を芳香族アミンといい，芳香族アミンは[A]を示す。芳香族炭化水素基がフェニル基 C_6H_5- である芳香族アミンはアニリンである。アニリンは，特有の臭気をもつ無色の油状物質であり，水に溶けにくいが，酸の水溶液には塩をつくってよく溶ける。特に，塩酸との塩は[ア]とよばれている。アニリンは，工業的には，ニッケルを触媒として，[イ]を水素により還元することでつくられている。実験室では，[イ]をスズ(または鉄)と塩酸で還元することにより[ア]とした後に，(a)水酸化ナトリウム水溶液を加えることでアニリンを遊離させている。

アニリンを硫酸酸性の二クロム酸カリウム水溶液と反応させると，[ウ]とよばれる物質が生成し，この物質は染料に用いられている。また，アニリンを無水酢酸と反応させるとアミド結合をもつ[エ]が生成する。

アニリンの希塩酸溶液を冷やしながら[オ]と反応させると，塩化ベンゼンジアゾニウムが生成する。塩化ベンゼンジアゾニウムは低温の水溶液中では安定に存在するが，温度が上がると(b)塩化ベンゼンジアゾニウムは水溶液中で分解してフェノールを生じる。また，塩化ベンゼンジアゾニウムの水溶液にナトリウムフェノキシドの水溶液を加えると，赤橙色の(c)*p*-ヒドロキシアゾベンゼン(*p*-フェニルアゾフェノール)が生成する。この反応を[カ]という。分子中にアゾ基 $-N=N-$ をもつ化合物をアゾ化合物といい，黄色～赤色を示すものが多く，アゾ染料やアゾ色素として広く用いられる。メチルオレンジもアゾ化合物であり，[B]側では水素イオンと結びついて色が変わるので，pH 指示薬として用いられる。

問1 空欄 ア ～ カ にあてはまる最も適切な語句を記せ。

問2 空欄 A , B にあてはまる最も適切な用語を次の①～③からそれぞれ1つ選び，その番号を記せ。なお，同じ番号をくり返し選んでもよい。

① 酸性　② 中性　③ 塩基性

問3 下線部 a でアニリンを遊離させるために水酸化ナトリウムが用いられる理由を30字以内で記せ。

問4 下線部 b の塩化ベンゼンジアゾニウムからフェノールが生成する反応を化学反応式で記せ。なお，塩化ベンゼンジアゾニウムとフェノールは構造式で記せ。

問5 下線部 c の *p*-ヒドロキシアゾベンゼン(*p*-フェニルアゾフェノール)の構造式を記せ。

○30字用原稿用紙

									10					
				20										30

Theme 9

芳香族の分離

▶ 立教大学

［解説・解答は本冊83ページ］

安息香酸，フェノール，トルエン，アニリンの4種類の芳香族化合物がジエチルエーテルに溶解した混合試料がある。それぞれの物質を1種類ずつ分離するために，必要な試薬と分液ろうとなどのガラス器具を用いて，下図に示す分離操作1～3を行った。操作1では希塩酸，操作2では試薬Xの水溶液，操作3では試薬Yの水溶液をそれぞれ必要量を加えて分液ろうとでよく振って静置したあと，エーテル層Eと水層B，D，Fに分離した。これについて，次の問いに答えよ。

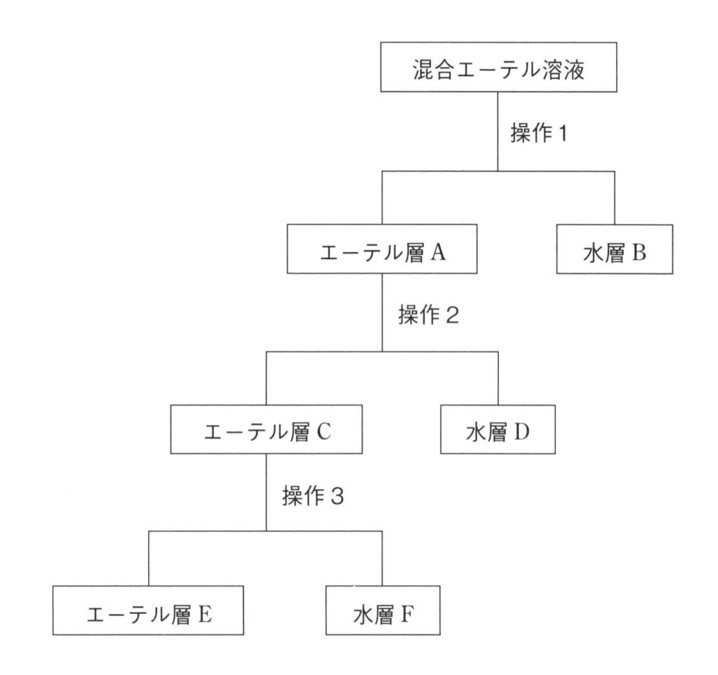

問1 操作2の試薬Xと操作3の試薬Yとして最も適当なものを，それぞれ次のa～fから1つずつ選び，その記号を記せ。

a.　塩化ナトリウム　　b.　塩酸　　c.　塩化カルシウム
d.　炭酸水素ナトリウム　　e.　水酸化ナトリウム　　f.　メタノール

問2 適切な処理によって安息香酸，フェノール，アニリンが得られる層を，それぞれ次のa～dから1つずつ選び，その記号を記せ。

a.　水層B　　b.　水層D　　c.　エーテル層E　　d.　水層F

問3 分離した4つの芳香族化合物のうち，フェノールとアニリンを検出することで，それぞれの物質が分離できていることを確認したい。フェノールとアニリンの検出方法について，それぞれ50字以内で記せ。

○ 50字用原稿用紙

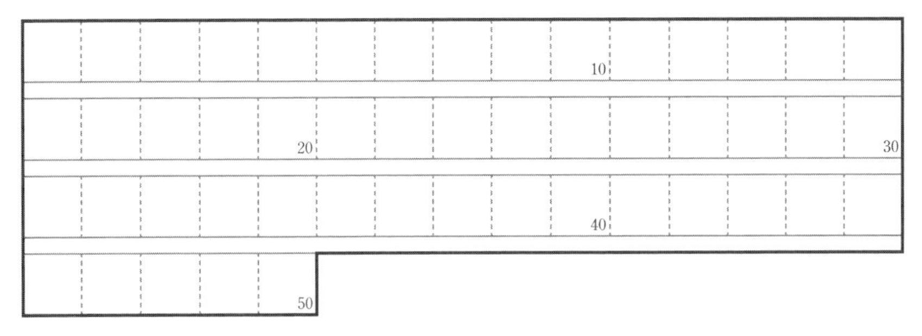

構造決定の総合問題

▶ 神戸薬科大学

[解説・解答は本冊92ページ]

次の記述を読んで，以下の問いに答えよ。ただし，構造式を書く場合は，例にならって書け。なお，原子量は H＝1.0，C＝12，O＝16 とする。

（構造式の例）

OH（ベンゼン環上）
ベンゼン環−CH_2−CH(OH)−C(=O)−CH_3

1. 化合物 A は，分子量が 260 以下で，ベンゼン環に 2 つの置換基をもつ中性化合物である。
2. 化合物 A 1 mol に水酸化ナトリウム水溶液を加えて加熱したあと，塩酸を加えて反応液を酸性にすると，中性化合物 B 1 mol と，酸性化合物 C 1 mol およびベンゼン環をもつ酸性化合物 D 1 mol が生成した。
3. 化合物 B は分子量 100 以下の不斉炭素原子をもつ化合物であり，元素分析を行ったところ，質量百分率で，炭素 64.8 %，水素 13.6 %，酸素 21.6 % であった。
4. 化合物 B に硫酸酸性の二クロム酸カリウム水溶液を加えて反応させると中性化合物 E が生成した。
5. アセチレンに触媒を用いて水を付加させると不安定なビニルアルコールを経て化合物 F が生成した。さらに，化合物 F を酸化すると化合物 C が得られた。
6. 化合物 D を硫酸酸性の二クロム酸カリウム水溶液と反応させると，化合物 G の生成を経て化合物 H が得られた。
7. 化合物 H を加熱すると，分子内で脱水が起こり，酸無水物である化合物 I が生成した。化合物 I は，V_2O_5 を触媒に用いてナフタレンを酸化しても得られる。

問1 化合物Bの分子式を書け。

問2 化合物Bの構造異性体はBを含めていくつあるか。ただし，鏡像異性体(光学異性体)は，たがいに異なる化合物として数える。

問3 化合物A，D，EおよびIの構造式を書け。

問4 化合物FおよびHの名称を書け。

問5 化合物C～F，およびHに関する次の記述のうち，正しいものに○印を，誤っているものに×印を記入せよ。

(a) 化合物Dと化合物Eにはシス-トランス異性体(幾何異性体)が存在する。

(b) 化合物Fは，触媒を用いてエチレンを酸化することで得られる。

(c) 炭酸水素ナトリウム水溶液に，化合物Hを加えると二酸化炭素が発生するが，化合物Cを加えても二酸化炭素は発生しない。

(d) 化合物Hは，*o*-キシレンを酸化することで得られる。

糖　類

▶ 神奈川大学・甲南大学

[解説・解答は本冊99ページ]

次の文章を読んで，各問いに答えよ。ただし，原子量は H＝1.0，C＝12，O＝16，N＝14 とする。

デンプンとセルロースは，いずれも $[C_6H_7O_2(OH)_3]_n$ で表される高分子化合物であり，デンプンは［ a ］-グルコース単位，セルロースは［ b ］-グルコース単位からなる。デンプン中の直鎖型アミロース構造の部分は分子内で［ c ］結合を形成して，らせん構造をとっている。一方，セルロースは平行に並んだ分子どうしに多くの［ c ］結合が存在するため，強い繊維となる。

問1 空欄［ a ］～［ c ］に入る語句として最も適切なものを，①～⑧の中から1つずつ選び，その記号を記せ。

① アミド　② 金属　③ 水素　④ 共有
⑤ α　⑥ β　⑦ γ　⑧ ε

問2 次の記述のうち，デンプンとマルトース(麦芽糖)に共通する性質として最も適切なものを①～④の中から1つ選び，その記号を記せ。

① ヨウ素溶液(ヨウ素-ヨウ化カリウム水溶液)を加えると，どちらも青紫～青色に呈色する。
② 塩化鉄(Ⅲ)水溶液に加えると，どちらも赤紫～青紫色に呈色する。
③ どちらの水溶液も銀鏡反応を示す。
④ どちらもグリコシド結合をもつ。

問3 次の物質のうち，セルロースを原料として工業的に生産されるものとして適切でないものを①～④の中から1つ選び，その記号を記せ。

① ビニロン　② セロハン　③ キュプラ　④ アセテート繊維

問4 セルロースに濃硝酸と濃硫酸を加えると，トリニトロセルロース $[C_6H_7O_2(ONO_2)_3]_n$ が得られる。この反応が完全に進行したとき，セルロース 3.24 g から得られるトリニトロセルロースは何 g か。計算過程とともに書け。ただし，セルロース鎖は十分に長く（n は十分に大きく），鎖の末端のヒドロキシ基の影響は無視できるものとする。

問5 多糖類を構成しているグルコースは，結晶中で図のような構造をとることが知られているが，これらの構造だけではグルコースが水溶液中で還元性を示すことを説明できない。グルコースの水溶液が還元性を示す理由を 60 字程度で記せ。

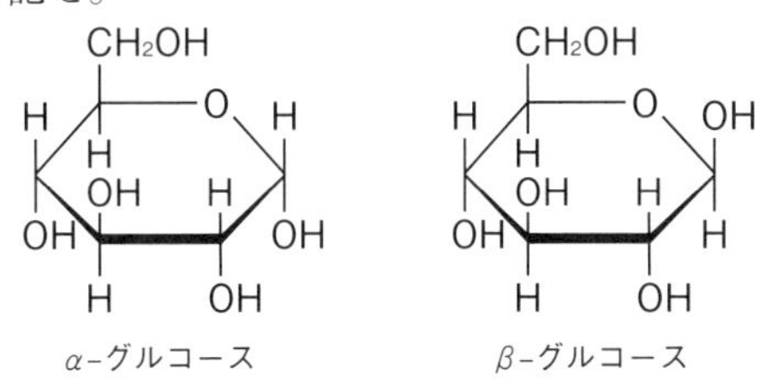

○ 60 字用原稿用紙

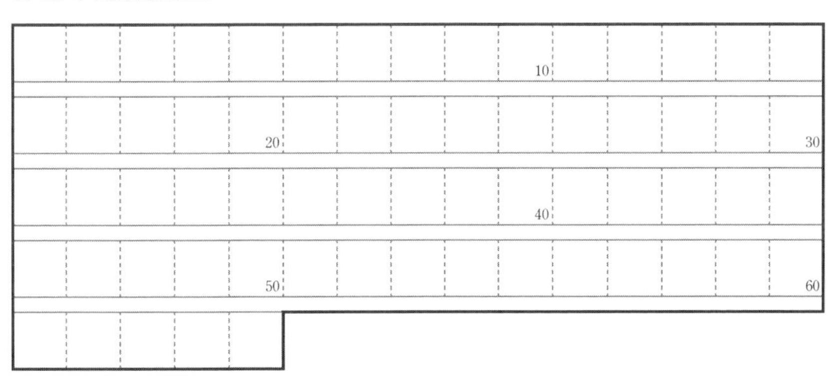

Theme 12

アミノ酸

▶ 名城大学（薬学部）

[解説・解答は本冊109ページ]

次の文章を読み，各問に答えよ。

アミノ酸は，分子内に塩基性を示す［ア］基と酸性を示す［イ］基をもつ。これらが同一の炭素原子に結合しているものをα-アミノ酸という。生体のタンパク質を構成するα-アミノ酸のうち，［ウ］以外は不斉炭素原子をもつので，鏡像異性体（光学異性体）が存在する。

アミノ酸は，結晶中や水中では，［エ］基の水素原子が水素イオンとなって［オ］基へ移動して，正・負の両電荷をもつ双性イオンになることがある。水溶液のpHを変化させると，陽イオン，双性イオン，陰イオンの割合が変化する。特定のpHになると，分子全体としての電荷が0となることがある。このpHを，そのアミノ酸の等電点という。アミノ酸の混合水溶液に適当なpHで直流の電圧をかけ，電気泳動を行うと，それぞれのアミノ酸を分離することができる。

問1 空欄［ア］，［イ］，［エ］，［オ］に最も適する語句を，次の①～⑩から選べ。ただし，同じものを何度選択してもよい。

① アミド　② アミノ　③ アルデヒド　④ エーテル
⑤ エステル　⑥ カルボキシ　⑦ グリコシド
⑧ ケトン　⑨ ヒドロキシ　⑩ ペプチド

問2 空欄［ウ］に最も適するものを，次の①～⑧から選べ。

① アスパラギン酸　② グリシン　③ グルタミン酸
④ システイン　⑤ セリン　⑥ チロシン
⑦ メチオニン　⑧ リシン

問3 ［ウ］の2分子とフェニルアラニンの2分子の合計4分子が縮合して生じる鎖状のペプチドには，［カ］種類の構造異性体が存在する。空欄［カ］に最も適する数値を答えよ。

問4 下線部に関する設問(1)，(2)に答えよ。

(1) 水溶液中でアラニンは，pH の小さい方から大きい方へ，A，B，C の3種類のイオンで存在する。A，B，C の構造式を，記入例にあるアラニンの構造式にならってそれぞれ書け。

(記入例) アラニンの構造式

$$CH_3-\underset{\displaystyle NH_2}{\underset{|}{CH}}-COOH$$

A　B　C

←――――→

小　pH　大

(2) アラニンの3種類のイオン A，B，C の間には，式①，②の電離平衡が成立する。①の平衡定数を K_1，②の平衡定数を K_2 とすると，次のように示される。

$$A \rightleftarrows B + H^+ \quad \cdots\cdots①$$

$$B \rightleftarrows C + H^+ \quad \cdots\cdots②$$

$$K_1 = \frac{[B][H^+]}{[A]} \qquad K_2 = \frac{[C][H^+]}{[B]}$$

$K_1 = 1.0 \times 10^{-2.3}$ mol/L，$K_2 = 1.0 \times 10^{-9.7}$ mol/L のとき等電点は

[キ].[ク]となる。

空欄[キ]と[ク]に最も適する数値をそれぞれ答えよ。

問5 グルタミン酸(等電点 pH＝3.2)，リシン(等電点 pH＝9.7)，アラニン(等電点 pH＝6.3)の3種混合水溶液を pH7.0 の緩衝液で湿らせたろ紙の中央に右図のように塗布した後，電気泳動を行った。それぞれのアミノ酸はどのように移動するか。最も適するものを，図の①～⑦から選べ。

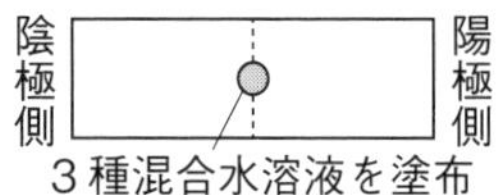

①
陰極側 Ⓖ Ⓐ Ⓛ 陽極側

②
陰極側 Ⓛ Ⓐ Ⓖ 陽極側

③
陰極側 Ⓖ Ⓐ Ⓛ 陽極側

④
陰極側 Ⓛ Ⓐ Ⓖ 陽極側

⑤
陰極側 Ⓖ Ⓐ Ⓛ 陽極側

⑥
陰極側 Ⓛ Ⓐ Ⓖ 陽極側

⑦
陰極側 Ⓜ 陽極側

Ⓖ：グルタミン酸，Ⓛ：リシン，Ⓐ：アラニン，Ⓜ：3種混合のまま移動しない

MEMO

タンパク質・ペプチド

▶ 早稲田大学（教育学部）

[解説・解答は本冊119ページ]

次の文章を読んで，以下の問いに答えよ。

タンパク質を構成するアミノ酸は，アミノ基とカルボキシ基が同一の炭素原子に結合したα-アミノ酸であり，主要なものは20種類である。20種類のアミノ酸のうち，グリシン以外は不斉炭素原子をもつため鏡像異性体が存在するが，タンパク質を構成するアミノ酸は［ア］体である。アミノ酸はその等電点から，酸性アミノ酸，中性アミノ酸，塩基性アミノ酸に分類できる。例えば$_a$アラニンは中性アミノ酸である。$_b$アミノ酸を等電点よりも小さいpHのもとでろ紙で電気泳動を行うと，陰極に移動する。ろ紙上のアミノ酸は，ニンヒドリン溶液を噴霧し，加熱によって［イ］基を発色させて検出することができる。タンパク質の構造としては，一次構造，二次構造，三次構造，四次構造がある。二次構造としては，らせん状に巻いたα-ヘリックス構造とジグザク状に折れ曲がった［ウ］構造があり，主に水素結合により形成される。タンパク質の水溶液に水酸化ナトリウムと硫酸銅(Ⅱ)水溶液を加えると赤紫色となる。このビウレット反応は，［エ］ペプチド以上の長さの分子でみられる。$_c$ベンゼン環をもつアミノ酸を含むタンパク質水溶液に濃硝酸を加えて加熱し，さらにアンモニア水を加えると橙黄色になる。この反応をキサントプロテイン反応という。$_d$硫黄をもつアミノ酸を含むタンパク質の水溶液に水酸化ナトリウムを加えて加熱し，さらに酢酸鉛(Ⅱ)水溶液を加えると黒色の沈殿が生じる。

問1 文中の空欄 ア ～ エ にあてはまる最も適切な語句を答えよ。

問2 下線部 a に関して，タンパク質中に含まれるアラニンの構造を下から選べ。

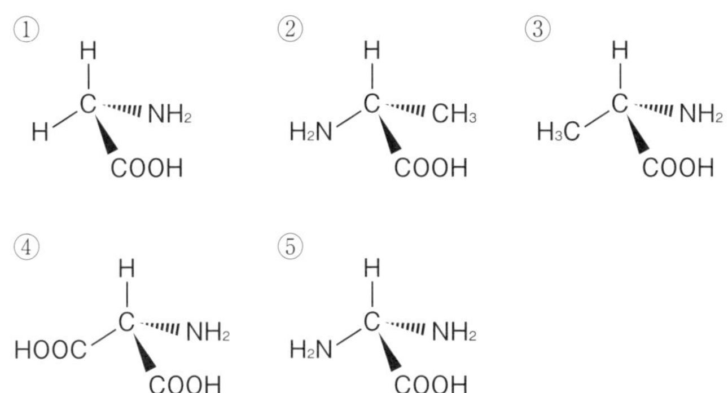

問3 下線部 b に関して，以下はアラニン，リシン，グルタミン酸の等電点を小さいものから順に並べたものである。正しいものを選べ。

① アラニン　リシン　グルタミン酸
② アラニン　グルタミン酸　リシン
③ リシン　グルタミン酸　アラニン
④ リシン　アラニン　グルタミン酸
⑤ グルタミン酸　アラニン　リシン
⑥ グルタミン酸　リシン　アラニン

問4 下線部 c に関して，ベンゼン環をもつアミノ酸を 2 つ答えよ。

問5 下線部 d に関して，硫黄分子をもつアミノ酸のうち，三次構造に関与するアミノ酸を答えよ。

[解説・解答は本冊127ページ]

次の文章(A)，(B)を読んで，以下の問いに答えよ。ただし，原子量はH＝1.0，C＝12，O＝16とする。

(A)

酵素は100～1000個程度のアミノ酸からできたタンパク質を主成分とする高分子化合物である。酵素は生体内の化学反応に対して触媒作用を示す。酵素が作用する物質を［ア］という。酵素は，［ア］と立体的に結合して反応を起こす，［イ］とよばれる特定の分子構造をもつ。また，(a)酵素はそれぞれ決まった［ア］にしか作用しない。この性質を，酵素の［ウ］という。

一般の化学反応では，温度が高くなるほど反応速度は大きくなる。一方，酵素反応では，(b)ある温度を超えると反応速度は急激に低下する。酵素が最もよくはたらく温度を［エ］といい，これより高温になると多くの酵素は触媒作用を示さなくなる。このように，酵素の触媒作用がなくなる現象を，酵素の［オ］という。

問1 文章中の［ア］～［オ］にあてはまる適切な語句を答えよ。

問2 下線部(a)について，油脂を加水分解する酵素の酵素名を1つ答えよ。

問3 下線部(b)では，酵素の反応条件として温度が重要な因子であることが述べられている。温度以外に酵素の触媒作用に影響を与える因子を1つ答えよ。

(B)

(c)デンプンに酵素を作用させて加水分解を行い，グルコースを得た。後日，同じ手順で実験を行ったところ，デンプンがまったく分解されず，グルコースはいっさい検出されなかった。この原因の1つとして，デンプンを分解させるために用いた酵素の中に，(d)異なる酵素Xが混入していたことが考えられる。

問4 下線部(c)について，45gのデンプンを完全に加水分解すると何gのグルコースが得られるか答えよ。

問5 下線部(d)について，以下の(1)，(2)に答えよ。

(1) 酵素Xの酵素名を1つ答えよ。

(2) デンプンが分解されなくなった理由を30字以内で答えよ。ただし，句読点も字数に含めるものとする。

○30字用原稿用紙

									10					
				20										30

核　酸

▶ 神戸薬科大学

［解説・解答は本冊132ページ］

次の文章を読んで，以下の問いに答えよ。

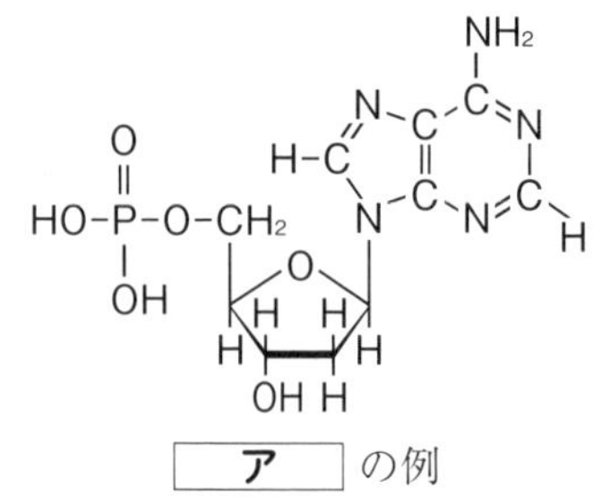

[ア]の例

すべての生物の細胞には核酸とよばれる高分子化合物が存在し，その生物のもつ遺伝情報を次世代に伝える重要な役割を果たしている。

核酸にはデオキシリボ核酸(DNA)とリボ核酸(RNA)がある。核酸の構成単位は[ア]といい，[ア]は窒素を含む環状構造の塩基と糖とリン酸各1分子が結合した化合物である。DNAとRNAの構造上の大きな違いの1つは，それらの構成単位の糖であり，DNAには[イ]，RNAには[ウ]という異なる糖が含まれている。DNAとRNAを構成する塩基は，それぞれ4種類ずつあり，そのうち略号Aで表される[エ]，略号Gで表される[オ]，略号Cで表される[カ]の3種類は共通である。残り1つの塩基は，DNAでは略号Tで表される[キ]であるが，RNAでは略号Uで表される[ク]である。2本の鎖状のDNA分子は二重らせん構造をとっており，この2本鎖は一方の鎖中の塩基と，他方の鎖中の塩基との間で水素結合している。DNAの4種類の塩基のうち，[エ]と[キ]は2本の水素結合で，[オ]と[カ]は3本の水素結合で，それぞれ塩基対をつくっている。

問1 文中の[ア]～[ク]に適切な語句を記入せよ。

問2 DNAの二重らせん構造の中で，[エ]と[キ]は，水素結合を形成している。[キ]を下の図の(1)～(3)から選び，番号を答えよ。さらに，[キ]の構造を[ ]に適切に配置して[エ]と[キ]の間に形成される水素結合を点線……で表せ。ただし，水素結合を表す際は，四角の枠は無視せよ。

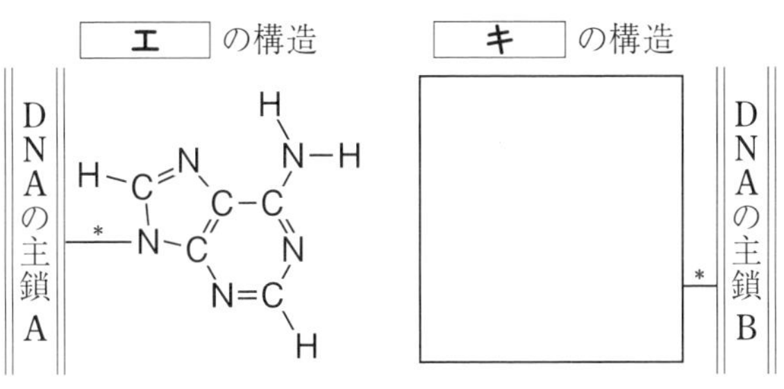

—*— はDNAの主鎖と塩基の結合を示す。

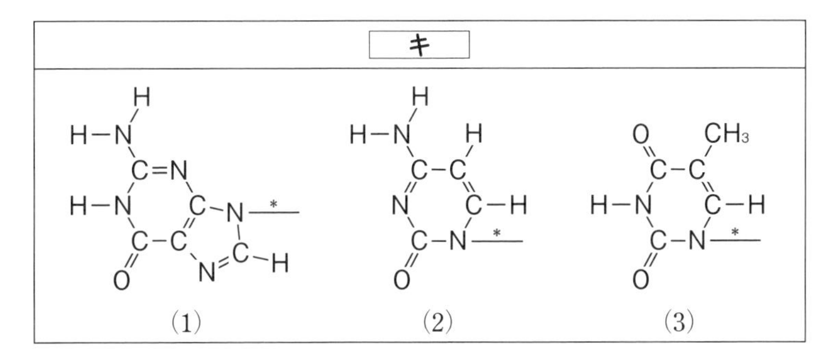

問3 下線部において，ある2本鎖DNAの塩基の組成(モル分率)を調べたところ，[オ]が26％であった。このとき，[エ]は何％か。有効数字2桁で答えよ。

油　脂

▶ 岡山大学

［解説・解答は本冊140ページ］

次の文章を読んで，各問いに答えよ。ただし，原子量はH＝1.0，C＝12，O＝16，I＝127とする。

油脂は，（　**あ**　）1分子と高級脂肪酸3分子からなる化合物であり，さまざまな用途で利用されている。油脂を構成する脂肪酸にはC＝C結合をもつ不飽和脂肪酸と，C＝C結合をもたない飽和脂肪酸がある。一般に脂肪酸の融点は，炭素原子の数が同じ場合，C＝C結合が多いほど（　**い**　）。

油脂に水酸化ナトリウムを加えて熱すると，油脂はけん化されて（　**あ**　）と脂肪酸のナトリウム塩である（　**う**　）が生じる。一定濃度以上の（　**う**　）を溶かした水溶液に横から強い光を当てるとその光の通路が明るく見える。（　**う**　）の水溶液は（　**え**　）を示すため，（　**お**　）を主成分とする動物繊維の洗濯には適していない。油脂1molを完全にけん化するためには，水酸化ナトリウムや水酸化カリウムのような1価の強塩基が3mol必要である。

問1　（　**あ**　），（　**う**　）にあてはまる適切な語句を記せ。

問2　（　**い**　），（　**え**　），（　**お**　）にあてはまる語句として適切なものを，次の**ア**～**ク**から1つずつ選び，記号で記せ。

ア　高い　　**イ**　低い　　**ウ**　中性　　**エ**　弱塩基性
オ　弱酸性　　**カ**　油脂　　**キ**　糖類　　**ク**　タンパク質

問3　下線部について，この現象の名称を記せ。

問4 単一の分子からなる油脂Aがある。0.913 g の油脂Aを完全にけん化するためには，0.132 g の水酸化ナトリウムが必要であった。けん化後の反応液を酸性にして，ジエチルエーテルで抽出を行ったところ，得られた脂肪酸はパルミチン酸 $C_{15}H_{31}COOH$（分子量 256）とリノール酸 $C_{17}H_{31}COOH$（分子量 280）のみであった。

a） 油脂Aの分子量を整数で答えよ。

b） 十分な量のヨウ素を用いて完全に反応させたとき，4.15 g の油脂Aに付加するヨウ素は何 g か。有効数字3桁で答えよ。

Theme 17

ビニロン

▶ 関西大学

[解説・解答は本冊150ページ]

次の文の(1)，(5)の［　　］および(　(2)　)に入れるのに最も適当なものを，それぞれ〔 **a群** 〕および〔 **b群** 〕から選び，その記号を記せ。また，｛ (3) ｝には示性式を，｛ (4) ｝には化学式を，｛ (6) ｝には整数値を，それぞれ記せ。なお，原子量はH＝1，C＝12，O＝16とする。

エタノールは，飲料(酒類)や消毒液だけでなく，さまざまな有機化合物や高分子化合物の原料としても用いることができる。植物由来の糖類を用いて合成されたエタノールはバイオマスエタノールともよばれ，カーボンニュートラル社会への貢献が期待されている。

160～170℃に加熱した濃硫酸にエタノールを加えると，分子内脱水反応が進行して，［ (1) ］が得られる。適切な触媒を用いて［ (1) ］を付加重合させると，フィルムや袋，容器などに用いられるポリ［ (1) ］が得られる。ポリ［ (1) ］は(　(2)　)。

硫酸酸性の二クロム酸カリウム溶液を用いてエタノールを酸化すると，｛ (3) ｝を経て，酢酸が得られる。｛ (3) ｝にフェーリング液を加えて加熱すると，赤色の｛ (4) ｝の沈殿が生じる。また，触媒を用いて酢酸をアセチレンに付加させると，酢酸ビニルが得られる。酢酸ビニルの付加重合により得たポリ酢酸ビニルを水酸化ナトリウム水溶液を用いてけん化すると，ポリ［ (5) ］が得られる。ホルムアルデヒド水溶液を用いてポリ［ (5) ］をアセタール化すると，適度な吸湿性をもち，綿に似た感触があるビニロンが得られる。

ホルムアルデヒド水溶液を用いて88.0 gのポリ［ (5) ］をアセタール化したところ，92.2 gのビニロンが得られた。このとき，ポリ［ (5) ］のヒドロキシ基のうち，｛ (6) ｝%がアセタール化した。ただし，ポリ［ (5) ］の分子量は十分に大きく，末端は無視できるものとする。

〔 a群 〕

ア アクリロニトリル　**イ** アセトン　**ウ** エチレン
エ エチレングリコール　**オ** ジエチルエーテル
カ スチレン　**キ** ビニルアルコール　**ク** プロピレン

〔 b群 〕

ア 熱可塑性樹脂であり，加熱すると硬くなり，冷ますと再びやわらかくなる
イ 熱可塑性樹脂であり，加熱するとやわらかくなり，冷ますと再び硬くなる
ウ 熱硬化性樹脂であり，加熱すると硬くなり，冷ますと再びやわらかくなる
エ 熱硬化性樹脂であり，加熱するとやわらかくなり，冷ますと再び硬くなる

[解説・解答は本冊155ページ]

ゴムに関する次の文章を読んで，以下の問いに答えよ。ただし，原子量は H = 1，C = 12，Br = 80 とする。

図1　イソプレンの構造

ゴムノキの樹皮に傷をつけて採取される樹液（ラテックス）にギ酸や酢酸などを加えて酸性にすると，生ゴム（天然ゴム）が沈殿する。得られた天然ゴムを(a)乾留すると，おもにイソプレン（図1参照）とよばれる無色の液体が得られる。天然ゴムは，このイソプレンの両端の炭素原子①と④が別のイソプレンに結合する形式（1,4-付加）で重合した高分子化合物である。イソプレンの1,4-付加重合による生成物では，高分子の鎖の骨格中に二重結合が含まれることになるが，天然ゴムでは，二重結合のまわりの立体配置のほぼすべてが［ア］形である。

天然ゴムの弾性は弱く，ゆっくりと力を加え続けると，ゴム全体が力に応じて変形し，もとの形に戻らなくなる。しかし，［イ］を質量で3～5％程度加えて加熱し，高分子の鎖を橋かけすると，実用的なゴムとしての適切な弾性を付与することができる。この操作のことを［ウ］とよぶ。［イ］の量を増やし（質量で約30％），長時間の加熱によって得られる黒くて硬い物質は，［エ］とよばれる。

天然ゴム以外にも，1,3-ブタジエンや(b)クロロプレンを原料にして合成ゴムが生産されている。1,3-ブタジエンを付加重合するとポリブタジエンが得られる。ポリブタジエンの高分子の鎖は，1,4-付加により形成される繰り返し単位以外に，1,2-付加により形成される繰り返し単位を含み，その割合は重合方法に依存する。(c)スチレンと1,3-ブタジエンを共重合して得られる(d)スチレン-ブタジエンゴムは，耐摩耗性に優れるため，自動車のタイヤなどに広く用いられている。高分子の骨格中に炭素-炭素の二重結合を含むゴム分子は，空気中の酸素や(e)オゾンの作用によって，化学構造が変化し，長時間の使用によりその弾性が失われていく。

問1 空欄［ア］～［エ］にあてはまる最も適切な語句を答えよ。

問2 下線部(a)の操作を20字以内で説明せよ。

問3 下線部(b)のクロロプレンと下線部(c)のスチレンの構造式を示せ。

問4 下線部(d)のスチレン-ブタジエンゴムが2.00 gある。ゴム中に含まれるスチレンからなる構成単位とブタジエンからなる構成単位の物質量の割合は，スチレン単位が25.0 %である。このゴムに臭素(Br_2)を反応させると，ゴム中のブタジエン単位の二重結合とのみ反応した。ブタジエン単位の二重結合がこの反応により完全に消失したとき，消費された臭素の質量を求めよ。

問5 下線部(e)について，オゾンとポリブタジエンの反応を考える。オゾンは，アルケンと図2に示す反応により，オゾニドとよばれる不安定な物質を生成する。オゾニドは亜鉛などを用いて還元すると，カルボニル化合物に変換される。この反応をオゾン分解とよぶ。

$$(R^1)(R^3)C{=}C(R^2)(R^4) \xrightarrow{O_3} \text{オゾニド} \xrightarrow{\text{還元剤}} (R^1)(R^3)C{=}O + O{=}C(R^2)(R^4)$$

（オゾニド：R^1，R^3が結合したCとR^2，R^4が結合したCが，O および O−O で結ばれた五員環）

アルケン　　　オゾニド

図2　アルケンのオゾン分解(R^1，R^2，R^3，R^4：炭化水素基または水素)

試料に用いるポリブタジエンは，1,2-付加により形成される繰り返し単位を含むが，ほとんどが1,4-付加により形成される構造からなり，1,2-付加により形成される繰り返し単位どうしが隣り合うことはないものとする。このポリブタジエンを完全にオゾン分解することで生じるすべてのカルボニル化合物を構造式で示せ。ただし，ポリブタジエンの分子量は十分に大きいものとし，高分子の鎖の末端から生成する化合物は無視してよい。また，立体異性体を区別して考える必要はない。

○ 20字用原稿用紙

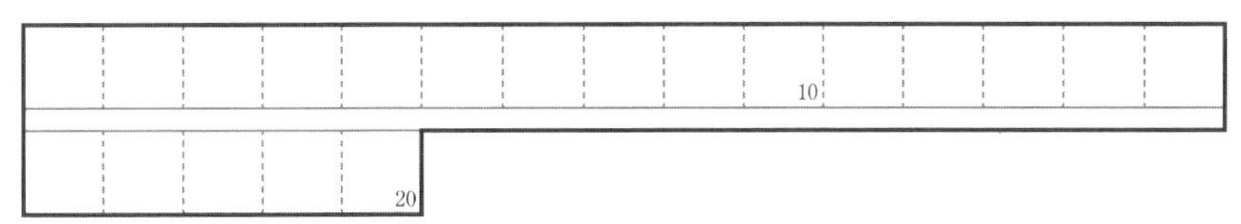

Theme 19

イオン交換樹脂

▶ 法政大学

[解説・解答は本冊163ページ]

次の文章を読んで，以下の設問に答えよ。

溶液中のイオンを別のイオンと交換する働きをもつ合成樹脂をイオン交換樹脂という。(a)スチレンと少量の*p*-ジビニルベンゼンを共重合させると合成樹脂が得られる。この合成樹脂中にスルホ基を導入したものは陽イオン交換樹脂，トリメチルアンモニウム基を導入したものは陰イオン交換樹脂(図1)とよばれる。

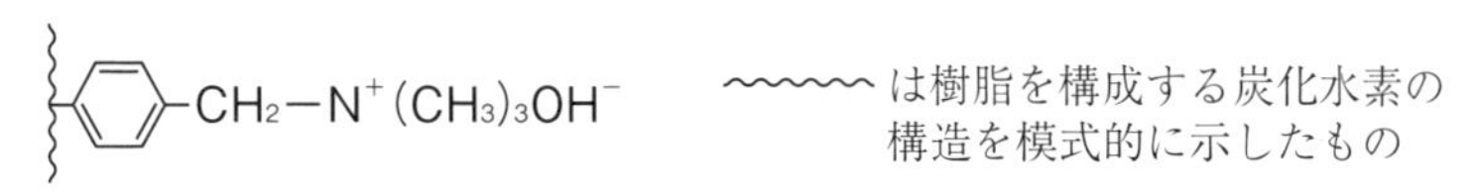

図1　陰イオン交換樹脂

(b)陽イオン交換樹脂を詰めた円筒に塩化ナトリウム水溶液を通すと，樹脂中の［ア］イオンと水溶液中の［イ］イオンが交換される。一方，陰イオン交換樹脂を用い，塩化ナトリウム水溶液を通すと，樹脂中の［ウ］イオンと水溶液中の［エ］イオンが交換される。したがって，これら二種類のイオン交換樹脂を適切に組み合わせることで，塩化ナトリウム水溶液から塩類を含まない水が得られる。この水を［オ］という。

問1 空欄［ア］～［エ］に適切な物質名を，**オ**に適切な語句を日本語で記せ。

問2 スチレン，および*p*-ジビニルベンゼンの構造式を記せ。なお，ベンゼン環は，図1にならって記せ。

問3 下線部(a)において得られる合成樹脂の特徴として，最も関係の深い語句を次の①～⑥の中から1つ選び，番号で記せ。

① イオン結晶　② 分子結晶　③ 五員環構造
④ 立体網目構造　⑤ らせん構造　⑥ 二重らせん構造

問4 陽イオン交換樹脂の合成過程において，ベンゼン環にスルホ基を導入する反応をスルホン化という。その基本となるベンゼンのスルホン化を化学反応式で記せ。

問5 下式は，下線部(b)における変化を化学反応式で示したものである。空欄A～Eに適切な化学式を記せ。なお，空欄AとDは，図1にならって記せ。

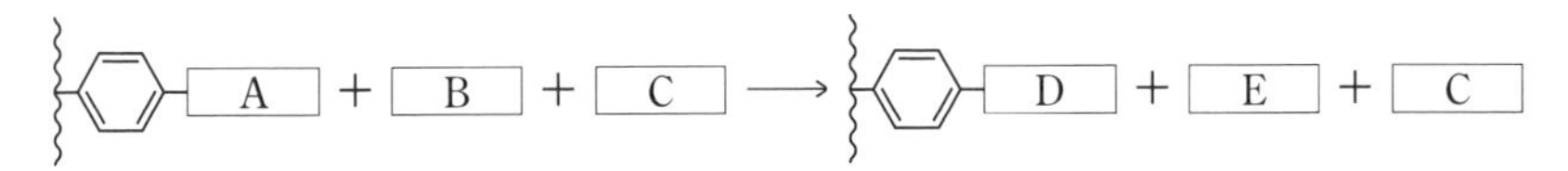

問6 陽イオン交換樹脂を詰めた円筒に 0.100 mol/L の塩化ナトリウム水溶液 20.0 mL を通し，完全にイオン交換を行った。さらに十分な量の［ オ ］を通し，合計 200 mL の溶液を得た。この溶液の pH を小数第1位まで求めよ。

ナイロン

▶ 群馬大学

[解説・解答は本冊169ページ]

合成繊維に関する次の文章を読んで，以下の問いに答えよ。

[a]ナイロン6は，環状構造のモノマーXに少量の水を加えて加熱して得られる。このように，環状構造の単量体から鎖状の高分子ができる重合を［ ア ］重合とよぶ。[b]ナイロン66は，アジピン酸とモノマーYの混合物を加熱しながら，生成する［ イ ］を除去すると得られる。このように，［ イ ］などの簡単な分子がとれて鎖状の高分子が生成する重合を［ ウ ］重合とよぶ。

ナイロン66のメチレン鎖の部分を［ エ ］に置き換えたポリ(*p*-フェニレンテレフタルアミド)は，代表的な［ オ ］繊維の一つである。この繊維は，ナイロン66よりもさらに強度や耐久性に優れるため，消防士の服や防弾チョッキに使われている。

実験室でナイロン66の繊維を得るには，界面重合が適している。この重合は，アジピン酸のかわりにアジピン酸ジクロリドを用いて，下記のように行われる。

操作① 50 mLの溶媒Aに，1 gの炭酸ナトリウムと1 gのモノマーYを加え，よくかき混ぜる。
操作② 10 mLの溶媒Bに，1 mLのアジピン酸ジクロリドを溶かす。
操作③ 操作①で得られた溶液の上に，操作②で得られた溶液を静かに注ぐ。
操作④ 界面(境界面)にできた膜をピンセットで静かに引き上げ，ガラス棒に巻きつける。
操作⑤ 得られた糸をアセトンで洗い，乾燥させる。

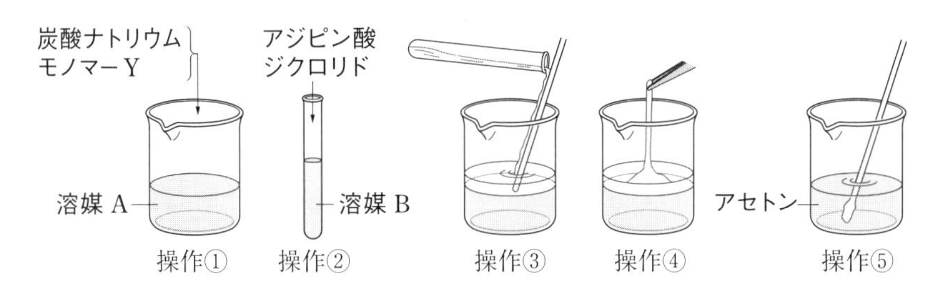

問1 空欄［ ア ］～［ オ ］にあてはまる最も適切な語句を記せ。

問2 下線部 a，b について，ナイロン 6 とナイロン 66 の構造式を右の例にならって記せ。

（例）　$\left[(CH_2)_2-O \right]_n$

問3 モノマーX，Y の構造式と名称を右の例にならって記せ。

（例）構造式

$$\begin{array}{l} H \diagdown \quad\quad \diagup H \\ \quad C=C \\ H \diagup \quad\quad \diagdown O-\underset{\underset{O}{\|}}{C}-CH_3 \end{array}$$

名称　　酢酸ビニル

問4 溶媒A，B として最も適切なものを，次の①～⑤からそれぞれ 1 つずつ選び，その番号を記せ。

①　アセトン　　②　エタノール　　③　酢酸
④　ヘキサン　　⑤　水

MEMO

MEMO